ARBEITSMETHODEN DER MODERNEN NATURWISSENSCHAFTEN

METALLKORROSION

Allgemeines, Messung und Verhütung

von

Fritz Tödt
Professor Dr.-Ing. habil., Oberregierungsrat an der Bundesanstalt für Materialprüfung, Berlin-Dahlem

2. Auflage

Mit 37 Abbildungen

WALTER DE GRUYTER & CO.
vormals G. J. Göschen'sche Verlagshandlung - J. Guttentag, Verlagsbuchhandlung - Georg Reimer - Karl J. Trübner - Veit & Comp.
Berlin 1958

 – Archiv-Nr. 527258 – Printed in Germany – Satz und Druck: Buchdruckerei Franz Spiller, Berlin SO 36

Meiner Frau gewidmet

Vorwort zur 2. Auflage

Mit zunehmender Entwicklung der Technik findet eine entsprechende Steigerung von Korrosionsschäden statt. Für den Korrosionsschutz müssen jährlich viele Milliarden ausgegeben werden. In anderen Ländern gibt es bereits spezielle Korrosionsingenieure. Daher gewinnt eine zusammengefaßte Kurzdarstellung des Korrosionsgebietes besonders auch für den technischen Nachwuchs eine ständig wachsende Bedeutung.

Da seit dem Erscheinen der 1. Auflage 15 Jahre verstrichen sind. erwies sich eine weitgehende Neufassung als notwendig. Die Gliederung ist im großen und ganzen beibehalten. Anstatt des Titels der 1. Auflage „Messung und Verhütung der Metallkorrosion" ist jetzt der Titel „Metallkorrosion, Allgemeines, Messung und Verhütung" gewählt worden. Diese Titeländerung trägt der Tatsache Rechnung, daß die ersten Abschnitte sich (ebenso wie in der 1. Auflage) mit den allgemeinen Grundlagen der Korrosion beschäftigen. Daher bedeutet die Titeländerung keine Änderung des Charakters und der Einteilung des Buches.

Ein Überblick über die gesamte Korrosionsliteratur ist heute auch für den Spezialisten nicht mehr möglich. Daher sind nur einige wenige Literaturangaben (etwa 200) vorwiegend aus der neuesten Literatur als Beispiele gebracht, deren Auswahl nur eine willkürliche sein kann. Dasselbe gilt für die aus der ungeheuren Fülle des Materials herausgegriffenen Ergebnisse. Das 1955 vom Verfasser herausgegebene Buch „Korrosion und Korrosionsschutz", Verlag Walter de Gruyter 1955 (1100 Seiten) enthält etwa 5000 Literaturangaben, wobei die ältere Literatur bereits zum größten Teil nicht mit aufgeführt ist. Die meisten Literaturangaben im vorliegenden kurzgefaßten Buch (etwa 170) beziehen sich auf das genannte ausführliche Buch „Korrosion und Korrosionsschutz" und sind der Einfachheit halber mit dem Buchstaben K und der Seitenzahl dieses Buches an der jeweiligen Stelle im Text in Klammern gesetzt. Etwa 20 bis 30 Literaturangaben von der 1. Auflage sind ebenfalls abgekürzt und in Klammern gesetzt übernommen worden (siehe das Abkürzungsverzeichnis); 10 bis 20 weitere neuere Literaturangaben befinden sich jeweils unten auf der betreffenden Seite.

Die getrennte Behandlung der Korrosionsmessung und der Korrosionsverhütung erweist sich für die Gliederung als vorteilhaft. Andererseits läßt sich eine Trennung dieser beiden Begriffe nicht immer vollständig durchführen, da die Feststellung der Korrosionsursache in vielen Fällen die Hauptarbeit bedeutet, die man leisten muß, um der Korrosion Herr zu werden.

Von einer Benutzung mathematischer Formeln wurde im Interesse der Anschaulichkeit bewußt abgesehen. Außerdem lassen sich die wichtigsten Zusammenhänge auf dem Korrosionsgebiet und vor allem die praktische Anwendung der Korrosionsmessung und Korrosionsverhütung ohne Mathematik einfacher und klarer darstellen.

Das Buch wendet sich vor allem an diejenigen, welche sich durch eine kurzgefaßte Darstellung über die Arbeitsmethoden und Richtlinien, wie sie auf dem Korrosionsgebiet angewandt werden, unterrichten wollen, ohne hierbei ein ausführliches Werk oder ein größeres Schrifttum durcharbeiten zu müssen.

Herrn Dipl.-Ing. Simon spreche ich für seine Mitarbeit und für die Anfertigung des Registers meinen Dank aus.

Berlin, Februar 1958 *Fritz Tödt*

Inhaltsübersicht

I. Teil. Allgemeines 1

1. Die wirtschaftliche Bedeutung der Metallkorrosion 1

2. Grundbegriffe der Korrosion und theoretische Vorstellungen . 3
   a) Die Ursachen der Korrosion 3
   b) Die Reaktion der Metalle mit dem Luftsauerstoff 4
   c) Die Korrosion als elektrochemischer Vorgang (Lokalelementbildung) 5
   d) Deckschichtenbildung und Passivität 7
   e) Rein chemische Korrosion 7

3. Erscheinungsformen der Korrosion 8
   a) Gleichmäßige Korrosion 8
   b) Ungleichmäßige Korrosion 9
   c) Spannungskorrosion: Kornzerfall, interkristalline Korrosion 9

4. Erkennung des maßgebenden Umstandes 12
   a) Die Sauerstoffkorrosion als maßgebender Faktor 12
   b) Die Wasserstoffkorrosion als maßgebender Faktor 13

5. Einfluß der Zeit auf den Korrosionsverlauf 17
   a) Die zeitliche Korrosionszunahme 17
   b) Der Korrosionsrückgang durch Deckschichten 17
   c) Sonstiger Einfluß der Zeitdauer 18

II. Teil. Die Messung der Metallkorrosion 19

A. Die Vielgestaltigkeit der Korrosionsmessung 19

B. Art der Versuchsanstellung bei Korrosionsmessungen 21

1. Gegenüberstellung von Naturversuch und Laboratoriumsversuch sowie von Kurz- und Langzeitversuch 21
   a) Fälle, in denen der Naturversuch oder der rein praktische Versuch nicht entbehrt werden kann 21

b) Fälle, in denen der Laboratoriumsversuch dem Naturversuch überlegen ist ... 22
c) Kurzzeitversuch und Langzeitversuch ... 24

2. Korrosionsmessungen in ruhender Flüssigkeit ... 24

3. Korrosionsmessungen in bewegter Flüssigkeit ... 28
a) Durchflußversuche ... 29

4. Korrosionsmessungen unter atmosphärischen Bedingungen 31
a) Naturversuche ... 31
b) Laboratoriumsversuche ... 32

5. Korrosionsmessungen bei erhöhter Temperatur ... 35
a) Warmwasser ... 36
b) Kochversuch ... 37
c) Korrosion in heißen Gasen ... 38

C. Die verschiedenen Korrosionsmessungen ... 39

1. Beobachtung der Korrosion mit dem Auge ... 39
a) Ohne Verschärfung der Korrosion ... 39
b) Mit Verschärfung der Korrosion ... 40
c) Korrosionsfeststellung durch Metallschliffe ... 41

2. Chemische Korrosionsmessungen ... 42
a) Messung der Korrosion durch direkte Wägung des Metalles vor und nach dem Angriff ... 42
b) Messung der gelösten Metallmenge ... 43
c) Messung der entwickelten oder verbrauchten Gasmenge 45

3. Mechanische Korrosionsprüfungen, bei denen eine mechanische Einwirkung nach erfolgter Korrosion vorgenommen wird ... 47
a) Messung der Festigkeit und Dehnung ... 48
b) Messung der Druckfestigkeit ... 50
c) Messung der Widerstandsfähigkeit gegen stoßweise Beanspruchung (Schlag- oder Stoßfestigkeit, Kerbschlagbiegeprobe) ... 50
d) Härteprüfung ... 51

4. Korrosionsprüfung bei gleichzeitiger mechanischer und chemischer Beanspruchung ... 52
a) Messung der Korrosionsermüdung ... 53

5. Elektrische Korrosionsprüfungen 53
a) Potentialmessungen 53
b) Stromstärkemessungen 54
c) Sonstige elektrische Methoden (Leitfähigkeit, magnetische Eigenschaften) 56

6. Sonstige Methoden 57
Messung der Wärmeentwicklung, Lichtreflexion. Materialprüfung durch Röntgenstrahlen usw. 57

III. Teil. Die Verhütung der Metallkorrosion 59

A. Allgemeines 59

1. Zusammenhang zwischen der Korrosionsmessung und der Korrosionsverhütung 59

2. Maßnahmen zur Korrosionsverhütung durch Veränderung des Metalls oder des angreifenden Mittels 64
a) Maßnahmen durch Veränderung des Metalls 64
b) Maßnahmen beim angreifenden Mittel 66

B. Eisen 67

1. Atmosphärische Bedingungen 68
a) Entfernung der gefährlichen Reagenzien 68
b) Abschließung des Metalls von der Luft durch Deckschichten, Plattierung, Emaillierung oder Galvanisierung 68
c) Schutz durch metallische Beimengungen 69

2. Eisen in Berührung mit Flüssigkeiten bei Zimmertemperatur 70
a) Bildung schützender Oxydhäute 70
b) Bildung sonstiger Schutzschichten (Karbonate, Phosphate) 71
c) Schutz durch Zusatz von Inhibitoren 73
d) Schutzmaßnahmen gegen Säuren 73
e) Schutz gegen Angriffe, die durch biologische Einflüsse (Plankton) verursacht sind 76
f) Schutz gegen nichtwäßrige Flüssigkeiten 76

3. Eisen in Berührung mit Flüssigkeiten von höherer Temperatur 77
a) Warmwasserleitungen 77
b) Verhütung der Korrosion im Dampfkessel 79

c) Weitere Korrosionsverhinderungen in Berührung mit Flüssigkeiten bei höherer Temperatur 83

4. Eisen in Berührung mit heißen Gasen 84
   a) Schutz durch Veränderung des Metalls 84
   b) Schutz durch Veränderung der Gasatmosphäre 86

C. Aluminium und Magnesium 88

1. Erzeugung und Verbrauch von Aluminium 88

2. Aluminium unter atmosphärischen Bedingungen 89

3. Schutz von Aluminium und Aluminiumlegierungen gegen Flüssigkeiten 90
   a) Durch Metallzusammensetzung 90
   b) Schutz des Aluminiums durch Verstärkung der schützenden Oxydhaut 93
   c) Bedecken von Aluminium mit einer Fremdmetallschicht 94
   d) Weitere Schutzverfahren 95
   e) Verwendbarkeit des Aluminiums; einige ausgewählte Beispiele 95

4. Magnesium 96

D. Kupfer und Kupferlegierungen 97

1. Kupfer 97

2. Messing 99

3. Aluminiumbronzen 100

4. Silicium- und Manganbronzen 101

5. Nickel-Kupfer-Legierungen 101

6. Zink 103

E. Die übrigen Metalle 107

1. Blei 107

2. Zinn 108

3. Nickel 109

4. Titan 110

5. Sonstige Metalle 111

F. Weitere Maßnahmen zur Verhütung der Korrosion 111

1. Korrosion und Korrosionsschutz im Boden 111

2. Korrosion stromdurchflossener Teile 112

3. Korrosionsschutz durch konstruktive und bauliche Maßnahmen 113

4. Anstriche und Anstrichprüfung 114
   a) Anstriche 114
   b) Anstrichprüfung 116

5. Rohrleitungen 117

Sachregister 120

Abkürzungsverzeichnis

K	=	Tödt, F. Korrosion und Korrosionsschutz. Verlag Walter de Gruyter, Berlin 1955.
B. I	=	Bauer, O., Kröhnke, O. und Masing, G. Die Korrosion metallischer Werkstoffe. Band I. Die Korrosion des Eisens und seiner Legierungen. Verlag S. Hirzel, Leipzig 1936.
B. III	=	Bauer, O., Kröhnke, O. und Masing, G. Die Korrosion metallischer Werkstoffe. Band III. Der Korrosionsschutz metallischer Werkstoffe und ihrer Legierungen. Herausgeg. von Kröhnke, O. und Masing, G. Verlag S. Hirzel, Leipzig 1940.
E	=	Evans, U. R. Korrosion, Passivität und Oberflächenschutz von Metallen. Ins Deutsche übertragen und mit einigen Ergänzungen versehen von Pietsch, E. Verlag Julius Springer, Berlin 1939.
R	=	Der Chemie-Ingenieur, Band III, zweiter Teil, Werkstoffe für den Bau chemischer Apparaturen. 1. Metallische Werkstoffe, von E. Rabald. Akademische Verlagsgesellschaft m. b. H., Leipzig 1938.

I. Teil — Allgemeines

Die Korrosion ist eine von der Oberfläche ausgehende, unerwünschte Zerstörung von Werkstoffen. Diese Zerstörung kann rein chemisch, in sehr zahlreichen Fällen bei Metallen aber auch elektrochemisch verlaufen. Eine gleichzeitige mechanische Beanspruchung der Metalle kann weiterhin dazu führen, daß das Zusammenwirken von chemischem Angriff und mechanischer Beanspruchung zu besonders gefährlichen Korrosionen führt. Die außerordentlich großen Schäden durch Korrosion beruhen nicht nur auf einem mengenmäßigen Verlust an Metall. Oft kann schon ein mengenmäßig geringer Verlust dazu führen, daß sehr viel größere Schäden auftreten, insbesondere dann, wenn die Korrosion als sogenannter Lochfraß zu einer Durchlöcherung von Rohren oder Behältern führt oder eine Korngrenzenkorrosion die Auflockerung des mechanischen Gefüges verursacht, wodurch dann das gesamte Material wertlos werden kann.

1. Die wirtschaftliche Bedeutung der Metallkorrosion

Die wirtschaftlichen Schäden durch Metallzerstörung haben ein solches Ausmaß angenommen, daß die Aufwendungen für Korrosionsschutz allein in den USA auf jährlich etwa 6 Milliarden Dollar geschätzt werden. Daher ist die Korrosion eines der wichtigsten Grenzgebiete der Technik geworden. Die Tabelle 1 enthält eine Aufteilung der in den USA jährlich für die Korrosionsverhütung aufgewandten Geldbeträge nach einer Zusammenstellung von *Uhlig* vom Massachusetts Institute of Technology, Corrosion Laboratory, Department of Metallurgy, aus dem Jahre 1949 (K. S. 3).

Der Hauptanteil der Korrosionserscheinungen wird durch wäßrige Lösungen und Feuchtigkeit auf elektrochemischem Wege hervorgerufen, und zwar steht hier die durch gelösten Luftsauerstoff verursachte Korrosion praktisch im Vordergrund. Erstaunlich hoch ist der Anteil der Korrosion in Verbrennungskraftmaschinen (etwa 20 % bzw. über eine Milliarde Dollar jährlich nach Tab. 1). Diese

Tabelle 1 (K. S. 5)

	Jährliche Aufwendungen in Mill. Dollar	Prozent des Gesamtschadens
1. Farbe, Firnis, Lack zum Schutz von Metallen		
a) Aufwand an Material	585	10,77
b) Anteil an Löhnen (Verhältnis Lohn-Material wie 2,5:1)	1400	26,87
2. Phosphatüberzüge; Aufwand an Material und Aufbringen	20	0,38
3. Galvanisieren von Blechen, Röhren, Drähten	136,5	2,52
4. Zinn und Weißblech	316	5,82
5. Elektro-Cadmieren	20,1	0,39
6. Nickel und Nickel-Legierungen (Elektroplattieren; wärme- und korrosionsbeständige Legierungen außer nichtrostenden Stählen)	182	3,36
7. Kupfer und Legierungen auf Kupferbasis	50	0,93
8. Nichtrostende Chrom-Eisen- und Chrom-Nickel-Eisen-Legierungen	620,4	11,43
9. Konditionieren von Boilern u. and. Aggregaten	66	1,22
10. Ersatz und Unterhaltung von 1 620 000 km verlegter Rohrleitungen (Gas, Wasser, Öl)	600	11,05
11. Ölraffinerien; Unterhaltung	50	0,93
12. Warmwasserspeicher in Haushaltungen; 10%iger jährlicher Ersatz bei 30 Millionen Speichern erforderlich	225	4,15
13. Verbrennungsmaschinen; innere Korrosion, bezogen auf 38 Millionen Fahrzeuge u. 17 000 km je Fahrzeug und Jahr	1030	18,95
Ersatzteile	66	
	5427,0	100,00

Zahlen sind aber begründet durch das Automobil Research Committee, England, M.I.T.-Lubrification Conference on Mechanical Wear, und das National Bureau of Standards: Die Abnutzung der Maschinen erfolgt nicht nur auf mechanischem Wege, sondern zugleich auch über einen chemischen Angriff der Verbrennungsprodukte. Dieser ist besonders ausgeprägt während der Anwärmperiode der Maschinen, innerhalb deren Wasser an den Zylinderwänden kondensiert; er ist bis zu fünfmal so groß bei Zylindertemperaturen von 40° bis 50° gegenüber Temperaturen höher als 75°.

Zu den direkten in der Tabelle 1 aufgeführten Korrosionsverlusten kommen noch schwer abschätzbare indirekte Verluste, wie

z. B. Auswirkungen auf Leben und Gesundheit (Explosionen undicht gewordener technischer Apparate). Weiterhin gehören hierzu Material- und damit Geldverluste, die nicht mit den eigentlichen korrodierten Materialien zusammenhängen, so beispielsweise an Öl, Naturgas, Wasser, die aus beschädigten Leitungen entweichen, oder durch verminderte Leistungsfähigkeit der Rohrsysteme bedingt sind. Hierzu zählen u. a. Verluste an elektrischer Energie, an Lebensmitteln und Speisewasser.

In der Tabelle 1 fehlen weiterhin die sehr erheblichen finanziellen Aufwendungen, die an militärischen bzw. nicht der Öffentlichkeit zugänglichen Anlagen entstehen, Beträge, die allein im Hinblick auf die Atomprojekte von Jahr zu Jahr höher anzusetzen sein werden.

Die Tabelle 1 läßt eindrucksvoll erkennen, daß sehr große wirtschaftliche Gewinne durch Verbesserung der verschiedenen Korrosionsschutzmaßnahmen erzielt werden können. Dies ist nach neueren amerikanischen Angaben allerdings nur dann möglich, wenn speziell geschulte Korrosionsingenieure nicht nur die technischen Zusammenhänge erkennen, sondern auch in der Lage sind, die von ihnen als notwendig erkannten Korrosionsschutzmaßnahmen bei der kaufmännischen Leitung erfolgreich durchzusetzen. Die Lösung der Probleme liegt also hier nicht nur auf technisch-wissenschaftlicher, sondern auch auf menschlicher Ebene. Die Erfolge in dieser Richtung haben dazu geführt, daß beispielsweise der Shell-Konzern, abgesehen von ausgedehnten Laboratoriumsuntersuchungen zur Korrosionsverhütung, im Außenbetrieb etwa 40 Korrosionsingenieure beschäftigt (K. S. 5—6).

2. Grundbegriffe der Korrosion und theoretische Vorstellungen

a) Die Ursachen der Korrosion

Trotz der Vielseitigkeit der Korrosionserscheinungen ist die Ursache der Korrosion in allen Fällen dieselbe. Das korrodierende Metall ist bestrebt, sich in eine chemische Verbindung zurückzuverwandeln. Wir wissen, daß die zur Korrosion neigenden Metalle, wie z. B. Eisen und Aluminium, in der Natur in Form von Verbindungen, meist Verbindungen mit Sauerstoff (Oxyde), vorkommen und erst durch den Eingriff des Menschen in den metallischen Zustand übergeführt werden. Je größer die bei dieser Umwandlung der Metallverbindung gegenüber angewandte Energie ist, um so heftiger sucht das Metall wieder in seinen ursprünglichen und natürlichen Zustand zurückzukehren. Diese Rückkehr bezeichnen wir mit Korrosion.

b) Die Reaktion der Metalle mit dem Luftsauerstoff

Die Rückkehr der Metalle in ihren natürlichen Zustand vollzieht sich, wenn man von der Korrosion durch heiße trockene Gase und durch nichtwäßrige Flüssigkeiten absieht, in zwei Schritten. Der erste Schritt besteht in der Verbindung des Metalls mit dem Sauerstoff der Luft, also in der Bildung von Metalloxyden. Diese Reaktion ist eine so allgemeine, daß alle Metalle sich an der Luft mit einer Oxydhaut bedecken. Wenn das Metall als Pulver von großer Oberfläche vorliegt, so nimmt die Oxydation größere Beträge an. Es kann sogar der Fall eintreten, daß, wie bei dem sehr feinpulvrigen sogenannten pyrophoren Eisen, das gesamte Metall in wenigen Augenblicken sich unter starker Wärmeentwicklung in Oxyd verwandelt. Bei einem kompakten Metall bleibt jedoch die Oxydation auf die Bildung einer dünnen Oxydhaut beschränkt. Die Häute bestehen vielfach nur aus wenigen Atomschichten (K. S. 21 und 27).

Eine derartige Metalloxydation beeinflußt das metallische Aussehen im allgemeinen nicht und ist daher zunächst nicht als Korrosion anzusprechen, sondern kann im Gegenteil, wie es beim Chrom und Aluminium in hohem Maße der Fall ist, korrosionsschützend wirken. Eine solche scheinbare Metallveredlung ist so häufig, daß man bekanntlich auf Grund der Spannungsreihe der Metalle (S. 14) keine allgemein gültigen Voraussagen über das Korrosionsverhalten machen kann. In wie hohem Maße ein edleres Metall unter Umständen stärker korrodieren kann als ein unedleres, zeigt die Tatsache, daß z. B. Silber sich in Salpetersäure auflöst, während Aluminium von dieser Säure bei bestimmten Konzentrationen praktisch kaum angegriffen wird. Der Grund für dieses zunächst paradox scheinende Verhalten ist die Bildung einer schützenden Oxydhaut beim Aluminium.

Die Metalloxyde bilden sich um so leichter und sind um so stabiler, je unedler ein Metall ist. Damit ein Oxyd schützend wirken kann, muß es aber nicht nur stabil sein, sondern auch fest und lückenlos an der Oberfläche haften, eine Eigenschaft, welche die Unlöslichkeit des Oxyds in der korrodierenden Lösung zur Voraussetzung hat. Die Metalle neigen um so mehr zum natürlichen Korrosionsschutz, den man in der Wissenschaft mit Passivität bezeichnet, je günstiger die beiden genannten Eigenschaften, nämlich die Unlöslichkeit und Stabilität der Oxyde, zusammentreffen. Am stärksten ist dies bei den Metallen Chrom und Aluminium der Fall.

c) Die Korrosion als elektrochemischer Vorgang (Lokalelementbildung)

Der zweite Schritt, den die Metalle tun, um den ihnen auferlegten Zwangszustand abzuschütteln, bildet den Grundvorgang der meisten Korrosionserscheinungen. Dieser Vorgang besteht darin, daß die Metalle in Gegenwart von Wasser galvanische Elemente, sogenannte Lokalelemente, bilden. Hierbei ist der Anodenvorgang die Auflösung des Metalles und der Kathodenvorgang die Abscheidung von Bestandteilen des Wassers, z. B. der Wasserstoffionen. Diese Zerlegung der Korrosion in zwei elektrochemische Vorgänge steht in keinem Widerspruch zur rein chemischen Metallauflösung in Säure. Denn jede derartige Metallauflösung verläuft, abgesehen von Spezialfällen, unter Wasserstoffentwicklung. Damit hat man aber bereits den Grundtyp eines Lokalelementes. Die anodischen Stellen sind die Metalle selbst. Als kathodische Stellen können, soweit es sich nicht um Beimengungen edlerer Metalle oder von Kohlenstoff handelt, die immer auf der Metalloberfläche vorhandenen Oxydhäute angesehen werden. Die Lokalelementtheorie in dieser Form vermag sehr einfach einen großen Tatsachenkomplex zu erklären, und, was für die Praxis wichtig ist, in vielen Fällen Voraussagen über den Korrosionsverlauf zu machen.

Erreicht bei einem Korrosionsfall der abgeschiedene Wasserstoff am Metall nicht den Druck von 1 atm, so kann er nicht gasförmig entweichen und die Korrosion kommt zum Stillstand, wenn der Wasserstoff von der Elektrode nicht durch Bestandteile der Lösung entfernt wird. Er kann z. B. durch den in der Lösung anwesenden, physikalisch gelösten Sauerstoff oxydiert werden, wodurch die Korrosion fortschreitet. Das gilt z. B. beim Eisen für jeden Angriff, der nicht in einem stark sauren Medium, welches die Wasserstoffentwicklung gestattet, stattfindet. Der geschwindigkeitsbestimmende Faktor ist in diesem Fall die an die Oberfläche gelangende Sauerstoffmenge. Da, wie wir gesehen haben, der Sauerstoff aber auch die Eigenschaft hat, die Metalloberfläche mit einer schützenden Oxydhaut zu bedecken, kann dieselbe Substanz, nämlich der Sauerstoff, sowohl korrosionsfördernd als auch korrosionsverhindernd wirken. In der folgenden Abb. 1 ist eine solche Lokalelementkorrosion mit Sauerstoffdepolarisation dargestellt.

Die Abb. 1 zeigt die Korrosion des Eisens durch einen Tropfen salzhaltigen Wassers. Die am Außenrand des Tropfens gelegene Zone ist, wie man sieht, durch den guten Sauerstoffzutritt in eine Oxydhaut verwandelt, die gegen Angriff geschützt ist und als Lokalelementkathode wirkt. In der Mitte des Tropfens, wo der Sauerstoff

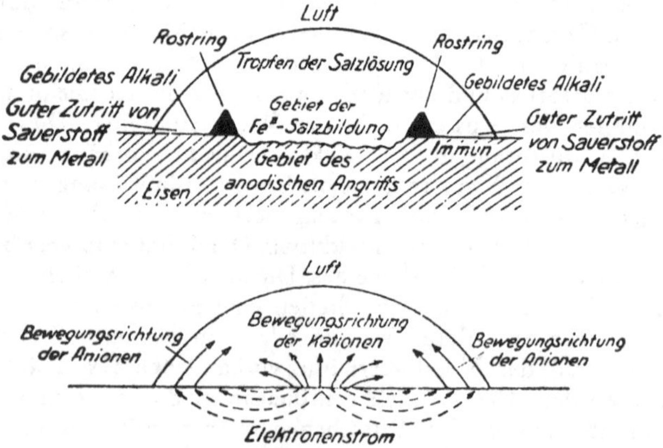

Abb. 1. Verhalten eines auf Eisen aufgebrachten Tropfens einer Kalium- oder Natriumchloridlösung (K. S. 23)

am wenigsten Zutritt hat, löst sich das Eisen anodisch auf. Zwischen Anoden- und Kathodenraum hat sich ein Rostring gebildet, weil hier das anodisch gebildete Eisensalz durch das kathodisch gebildete Alkali als braunes Eisenoxyd bez. Hydroxyd ausgefällt wird.

Eine auch oft beobachtete Erscheinung sind sogenannte Pseudolokal- bzw. Konzentrationselemente, bei denen anodische und kathodische Zonen dadurch gebildet werden, daß die Konzentration von Lösungsbestandteilen (Ionen bzw. phys. gelöster Sauerstoff), an verschiedenen Bezirken der Oberfläche der Metalle verschieden ist, wobei z. B. Stellen mit geringer O_2-Konzentrationen zur Anode werden, an denen das Metall in Lösung geht[1]) (Korrosion unter Nietstiften.) Interessant ist, daß auch der sog. rostfreie V2A-Stahl auf Grund von O_2-Konzentrationselementen zerstört werden kann.

d) Deckschichtenbildung und Passivität[2])

Wir haben gesehen, daß der Sauerstoff (in Form von Oxyden) als Lokalelementkathode korrosionsfördernd sein kann. Andererseits verhindert er in Form von lückenlosen Oxydschichten die Korrosion, bzw. vermindert sie sehr stark, da aus elektrochemischen Gründen auch bei passiven Metallen eine, wenn auch sehr kleine, „passivitätserhaltende" Korrosion stattfinden muß[3]). Korrosionsverhindernd wirken auch die Deckschichten, die entweder während des Korrosionsangriffs entstehen oder künstlich aufgebracht werden. Ein Beispiel für den ersten Fall bildet die Korrosion von Eisen in kalkhaltigen Wässern. Die Lösung wird durch den Lokalelementvorgang in der Nähe der kathodischen Zonen alkalisch. Hier fällt Kalzium als Hydroxyd aus und wird durch vorhandenes Kohlendioxyd in Kalziumkarbonat umgewandelt. Die Lokalelementkathoden werden dadurch abgedeckt und der Korrosionsvorgang kommt zum Erliegen.

Künstlich aufgebrachte Schichten können auf Eisen z. B. durch Behandlung mit Phosphorsäure erzeugte Phosphatschichten oder Anstriche, wie z. B. Bleimennige-Leinölüberzüge sein.

c) Rein chemische Korrosion

Eine rein chemische Korrosion findet z. B. in der Hitze durch trockene Gase statt. Sobald aber Feuchtigkeit hinzutritt, sind die Bedingungen für den elektrochemischen Vorgang bzw. die Lokalelementbildung gegeben. Außer dem Sauerstoff sind als angreifende Gase hauptsächlich Wasserstoff, Chlor und Schwefeldioxyd zu nennen. Diese Korrosionsvorgänge spielen bei der Metallverarbeitung eine sehr große Rolle, da die Metalle im praktischen Betriebe dem angreifenden Gase starke Angriffsmöglichkeiten bieten.

---

[1]) Feitknecht, Werkstoffe u. Korrosion, *1*, 17 (1955).
[2]) Bonhoeffer, Corrosion [Houston], *11*, 304 (1955).
[3]) M. G. Fontana, W. P. McKimmel, Werkstoffe u. Korrosion, *5*, 249 (1957).

In dieses Gebiet gehören z. B. die Verzunderung des Eisens bei der Herstellung von Blechen (Walz- und Glühzunder)[4], die Entkohlung des Eisens durch Wasserstoff bei erhöhtem Druck und Temperatur, ein Fall, der früher ein Gefahrenpunkt bei der Ammoniaksynthese nach Haber-Bosch darstellte.

Der Walz- und Glühzunder stellt, wenn er durch Beizbäder nicht entfernt wird, eine weitere Gefahrenquelle im Betrieb dar, da große kathodische Flächen (die Zunderschichten) kleinen anodischen Stellen (Risse in der Schicht, in denen das Metall bloß liegt) gegenüberstehen, so daß bei Feuchtigkeitszutritt sich bildende Lokalelemente zu starken Korrosionsangriffen führen[5]).

Der Angriff von Metallen durch nichtwäßrige organische Stoffe ist auch eine rein chemische Korrosion, soweit nicht, wie es oft der Fall ist, Spuren von Wasser, die oft nur schwer feststellbar sind, für die Korrosion verantwortlich gemacht werden müssen.

3. Erscheinungsformen der Korrosion

a) Gleichmäßige Korrosion

Für die praktische Beurteilung ist es von entscheidender Bedeutung, ob die Korrosion sich gleichmäßig über die korrodierende Oberfläche verteilt und flächenhaft verläuft oder auf begrenzte Bezirke beschränkt ist. Das gewöhnliche Rosten des Eisens verläuft im großen und ganzen gleichmäßig. Hierher gehört auch die Verzunderung des Eisens sowie der flächige Angriff auf Zink. Die gleichmäßige Korrosion ist die harmlosere Art des Angriffs auf Metalle.

Unter gleichmäßiger Korrosion ist keinesfalls ein Vorgang zu verstehen, der so gleichmäßig auf die Oberfläche verteilt ist, daß an jeder Stelle die Reaktionsgeschwindigkeit völlig gleich ist. Schon deswegen, weil eine scheinbar glatte Fläche niemals im geometrischen Sinne einheitlich ist, sondern starke Unebenheiten im Feinbau aufweist, werden manche Stellen immer bevorzugt korrodieren. Gleichmäßig ist die Korrosion dann, wenn die zunächst vereinzelt korrodierenden Stellen sich allmählich über die Gesamtoberfläche so verteilen, daß die nach längerer Einwirkung erfolgende Dickenabnahme überall annähernd gleiche Werte besitzt.

---

[4]) K. Hauffe, Werkstoffe u. Korrosion, *3*, 117 (1955).

[5]) Wever u. Engell, Arch. Eisenhüttenwes. 7, 475 (1956), F. E. Cook, H. S. Preiser, J. F. Mills, Corrosion [Houston] *11*, 31 (1955).

b) Ungleichmäßige Korrosion

Die ungleichmäßige Korrosion ist um so gefährlicher, je mehr der Angriff auf eng begrenzte Bezirke beschränkt ist, wie es bei dem gefürchteten Lochfraß der Fall ist. Der Angriff schreitet hier in Form von Löchern schnell ins Innere der Metalle fort. Eine mengenmäßig geringe Korrosion kann daher bereits zu tiefgreifenden Zerstörungen und insbesondere zu einer sehr starken Herabsetzung der Festigkeit Anlaß geben.

Ein Lochfraß wird immer dann eintreten, wenn ein nicht ganz ausreichender Korrosionsschutz vorhanden ist und wenn dieser Schutz, wie z. B. bei der Walzhaut von Eisen, in einer Veredlung besteht. Denn dann ist die gesamte veredelte Fläche gegenüber den nicht veredelten Stellen kathodisch und kann die korrodierende Wirkung auf die geringen anodischen Bezirke in Form von Lochfraß konzentrieren.

c) Spannungskorrosion, Kornzerfall, interkristalline Korrosion

Diese Korrosionsarten unterscheiden sich von der Oberflächenkorrosion dadurch, daß vom Innern der Metalle her ein Aufreißen stattfindet. Unter Spannungskorrosion wird das inter- oder transkristalline Aufreißen von metallischen Werkstoffen unter gleichzeitiger Einwirkung eines Korrosionsmittels und einer statischen Spannung verstanden. Die Grundbedingung für die reine interkristalline Korrosion ist das Vorhandensein eines bestimmten Werkstoffzustandes und eines geeigneten Korrosionsmittels, während für die Spannungskorrosion außerdem das Vorhandensein von Zugspannungen hinzukommt. Es gibt wohl kein Metall, das nicht Legierungssysteme besitzt, die für inter- oder transkristalline Korrosion empfänglich sind. Wir kennen solche Empfänglichkeit bei Legierungen mit Zusätzen der edelsten Metalle, wie Platin, Gold und Silber, ebenso wie bei solchen auf der Basis der unedlen Metalle Magnesium und Zink. Oft genügen für die Anfälligkeit schon Bruchteile von Prozenten der zweiten Komponente.

Die inter- und transkristalline Korrosion ist in ihrem Auftreten viel unangenehmer als die Oberflächenkorrosion, weil sie viel schwerer zu erkennen ist, meistens erst dann, wenn bereits eine Zerstörung des betreffenden Bauteiles eingetreten ist. Es fehlen hier fast immer die sonst charakteristischen Korrosionsprodukte, und verschiedentlich wird der korrosive Einfluß gar nicht als beim Bruch mitwirkend bemerkt. Bekanntgeworden sind besonders neben der interkristallinen Korrosion (Kornzerfall) der austenitischen Chrom-Nickel-Stähle die Zerstörungen — vor allem durch Spannungskorrosion — von Eisenbauteilen unter dem Einfluß von Nitratlösungen oder Kesselwasser, die von Messingteilen bei Anwesenheit von Ammoniak und die von Leichtmetallen bei Einwirken von Kochsalzlösungen (Meerwasser) oder auch schon bei Bewitterung. Insbesondere für die Spannungskorrosion ist dabei kennzeichnend, daß meist nur örtliche Stellen davon betroffen werden, während die Umgebung unberührt bleibt; dann werden in dieser Nachbarschaft die normalen Eigenschaften des betreffenden Werkstoffes vorgefunden. Das erschwert dem mit solchen Zerstörungserscheinungen weniger Vertrauten das Erkennen solcher Versager.

Es muß beim Werkstoff ein ganz bestimmter Zustand vorliegen, wenn die Bedingungen für interkristalline Korrosion und Spannungskorrosion erfüllt sein sollen. Er ist dafür empfänglich, wenn sein Gefügezustand sich nicht im Gleichgewicht befindet, besonders, wenn eine Übersättigung oder eine Löslichkeitsänderung wegen Umwandlung gegeben ist.

Bei den Leichtmetallegierungen hängt der instabile Zustand — jedenfalls in einer Reihe von gut untersuchten Fällen — damit zusammen, daß eine Übersättigung vorhanden ist, welche zu einer Ausscheidung führt und dadurch das innere Gefüge lockert. Hierbei kann die ausgeschiedene Phase entweder interkristallin an den Korngrenzen oder auch an den im Innern des Korns liegenden Mosaikblockgrenzen entstehen, weil sich hier die Keime eines anderen Gitters aus räumlichen Gründen leichter bilden können.

Bei der Untersuchung der Spannungskorrosion von Leichtmetalllegierungen benutzt man beispielsweise eine Methode, die ausheilbare Spannungen mißt, die sogenannte Schlaufenmethode. Das zu untersuchende Prüfstück liegt zunächst als Stab vor und wird um einen Dorn um 180° zu einer Schlaufe zusammengebogen, wobei dann meist die Enden vernietet werden.

Die Spannungsrisse treten an der am stärksten gespannten Außenseite der Schlaufen auf. Die Korrosion erfolgt meist durch den bei der Korrosionsprüfung von Leichtmetallen üblichen Wechseltauchversuch, bei dem die Schlaufen alle 30 Minuten eine Minute lang in eine 3%ige Kochsalzlösung oder in künstliches Seewasser getaucht werden. Interessant ist eine Gegenüberstellung der Schlaufenprobe mit der Säurelöslichkeit. Hierbei wurde mit großer Schärfe nach beiden Methoden in Abhängigkeit von der Anlaßtemperatur ein sehr ausgeprägtes und mit Gefügebeobachtungen im Einklang stehendes Korrosionsmaximum zwischen etwa 150 und 250° gefunden. Dieses Maximum ließ sich durch die Säurelöslichkeit nur bei sehr reinem

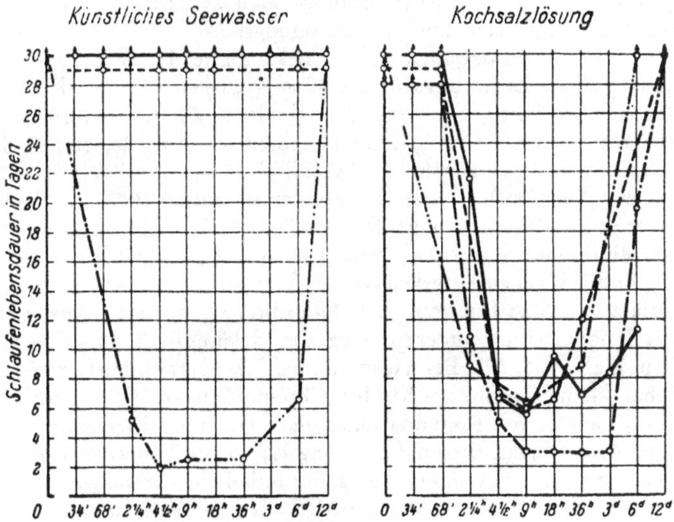

a) ——— *plattiert mit 2 mm breiter Schichtlücke am Schlaufenscheitelpunkt*

b) - - - - - *wie unter a, nur Plattierschicht zusätzlich eloxiert*

c) —·— *wie unter a, aber nach 30-tägiger Beanspruchung in künstl. Seewasser in die Kochsalzlösung umgehängt*

d) —··— *unplattiert (Plattierschicht abgefräst)*

Abb. 2. Spannungskorrosionsverhalten (Schlaufenlebensdauer) in künstl. Meerwasser und in Kochsalzlösung im Wechseltauchgerät bis zu einer Prüfzeit von 30 Tagen eines plattierten Duraluminium-Bleches (Grundwerkstoff: Aluminium-Legierung mit 3,7 Cu, 0,9 Mg, 0,46 Si, 0,40 Mn und 0,72 Fe) nach verschiedener Anlaßdauer bei 150° C (K. S. 62).

Aluminium feststellen, da sonst immer eine sehr große Säurelöslichkeit vorhanden ist. Oft kann die Dauer einer Wärmebehandlung für das Auftreten der Spannungskorrosion entscheidend sein. So verursacht nach Abb. 2 eine Anlaßdauer zwischen 2 und 6 Stunden ein starkes Anwachsen der Spannungskorrosion, deren Maß die durch die Schlaufenprobe gemessene Lebensdauer von Blechen ist. Bei derartigen Versuchen wird als Lebensdauer diejenige Zeit bezeichnet, welche bis zum Auftreten sichtbarer Spannungsrisse vergeht.

Außer durch Wärmebehandlung (Abb. 2) kann man die interkristalline Korrosion und die Spannungskorrosion durch Änderung der Legierungszusammensetzung bekämpfen. Hierbei können oft schon geringe Legierungszusätze günstig wirken. Das Niedrighalten des sich ungünstig auswirkenden Kohlenstoffs (unter 0,10 %) bei den austenitischen Chrom-Nickel-Stählen war eine der ersten Maßnahmen zur Verringerung der Anfälligkeit für interkristalline Korrosion. Aber selbst eine Herabsetzung auf 0,01 % Kohlenstoff — technisch lassen sich heute etwa 0,02 % bis 0,03 % Kohlenstoff als Minimum erreichen — genügt noch nicht, um solche Stähle unempfindlich gegen interkristalline Korrosion zu machen. Erst der Zusatz von Stabilisatoren, wie Titan und Niob, deren Anwendung seit langem einen anderen Weg der Bekämpfung darstellt, führt zum Ziel (K. S. 77). Bei Aluminium-Zink-Magnesium-Legierungen haben kleine Gehalte an Kupfer, Chrom, Mangan, Titan und Vanadin — am besten Kombinationen der genannten Elemente — sehr dazu beigetragen, diesen Legierungstyp gegen Spannungskorrosion zu sichern und ihn damit für seine technische Ausnutzung reif zu machen (K. S. 77). Über weitere Methoden zur Verhütung der interkristallinen Korrosion siehe S. 41.

4. Erkennung des maßgebenden Umstandes

a) Die Sauerstoffkorrosion als maßgebender Faktor

Als Korrosionsursachen herrschen die Umweltbedingungen, also die Eigenschaften des angreifenden Mediums vor.

Wenn man von den stark angreifenden Bedingungen der chemischen Technik und verwandter Industrien und den Materialbeanspruchungen durch hohe Temperaturen und mechanische Einflüsse absieht, so steht die Sauerstoffkorrosion im Hinblick auf die praktische Bedeutung an erster Stelle. Der im Wasser gelöste Sauerstoff oxydiert den durch den Korrosionsvorgang kathodisch abgeschiedenen Wasserstoff, er depolarisiert den Wasserstoff oder es bilden sich aus Sauerstoff, Wasser und den durch die Metallauflösung frei werdenden Elektronen OH-Ionen. Maßgebend für die Stärke des Angriffs ist die an die korrodierende Oberfläche gelangende Sauerstoffmenge.

In diesem Fall der Sauerstoffkorrosion ist also die Materialeigenschaft des korrodierenden Metalls meist ohne Bedeutung. Es ist damit nicht gesagt, daß die Materialbeschaffenheit in solchen Fällen immer völlig gleichgültig ist (z. B. Überlegenheit des gekupferten Stahls an der Atmosphäre, Seite 32 und 69).

Eisen in Berührung mit salzhaltigen, nicht gerade stark sauren oder stark alkalischen Lösungen ohne passivierende Eigenschaften ist ein ausgeprägtes Beispiel für die Sauerstoffkorrosion. Nähere Angaben über die Sauerstoffkorrosion verschiedener Eisenarten in Berührung mit Wasser sind im Abschnitt II, B, 1, b über die Bedeutung des Laboratoriumsversuchs gemacht. Es geht daraus hervor, daß es in diesem Falle aussichtslos ist, das Eisen durch Beimengungen oder Oberflächenveränderung grundlegend in seinem Korrosionsverhalten beeinflussen zu wollen. Erst wenn man die Legierungsbestandteile soweit vermehrt, daß man beispielsweise einen nichtrostenden Chromnickelstahl erhält (18 % Cr 8 % Ni Seite 76), wird das Material sprunghaft korrosionsfest. Die Beschaffenheit der Oberfläche in ihrer Auswirkung auf die Schutzschichtbildung, wie das günstige Verhalten des Gußeisens (Gußhaut) bei der Korrosion von Warmwasser und Dampfheizungen kann in vielen Fällen für das Korrosionsverhalten ausschlaggebend sein (K. S. 30). Wiederum andere Bedingungen herrschen bei der atmosphärischen Korrosion, weil hier das Verhältnis zwischen Sauerstoff und Wasser völlig anders ist als bei der Korrosion durch wäßrige Lösungen. Daher kann der atmosphärische Angriff auf Eisen durch geringe Mengen an Fremdbestandteilen, wie Kupfer, Phosphor, Nickel und Chrom, verringert werden (K. S. 30).

b) Die Wasserstoffkorrosion aus maßgebender Faktor

Als Korrosionsursache herrscht die Materialeigenschaft vor.

Die Grenzbedingungen für die Säurekorrosion (Korrosion unter Wasserstoffentwicklung) lassen sich zwar nicht genau angeben, vielmehr findet zwischen O_2-Korrosionstyp und H_2-Korrosionstyp ein allmählicher Übergang statt. Jedoch liefert die in der Tabelle 2 wiedergegebene sogenannte Spannungsreihe der Metalle einen ersten Anhaltspunkt.

Alle Metalle, die unedler sind als Wasserstoff, also nach Tabelle 2 Blei, Zinn usw. in steigendem Maße bis zu den Alkalimetallen, haben das Bestreben, sich in Säuren unter Wasserstoffentwicklung aufzulösen. Als ganz rohe Annäherungsregel kann man annehmen, daß saure Lösungen ohne Sauerstoff oder sonstige oxydierende Wirkung Kupfer und edlere Metalle nicht angreifen, da diese Metalle nach Tabelle 2 edler als Wasserstoff sind. In neutralen Lösungen ohne Sauerstoff werden Eisen, Cadmium und edlere Metalle praktisch nicht mehr angegriffen. Von den Faktoren, welche eine Abweichung des Korrosionsverhaltens der Metalle von der Spannungsreihe bedingen, sei zunächst die sogenannte Wasserstoffüberspannung der Metalle kurz erwähnt.

Tabelle 2

Standardspannungsreihe der Elemente.

Potentiale der Elemente in 1 aktiver Lsg. ihrer Ionen, gemessen gegen eine Normalwasserstoffelektrode (in Volt).

Element	Elektrode	Potential
Kalium	K/K^+	—2,924
Kalzium	Ca/Ca^{++}	—2,76
Natrium	Na/Na^+	—2,714
Magnesium	Mg/Mg^{++}	—2,35
Zink	Zn/Zn^{++}	—0,7622
Eisen	Fe/Fe^{++}	—0,44
Cadmium	Cd/Cd^{++}	—0,4021
Kobalt	Co/Co^{++}	—0,283
Nickel	Ni/Ni^{++}	—0,236
Zinn	Sn/Sn^{++}	—0,141
Blei	Pb/Pb^{++}	—0,1263
Wasserst.	H/H^+	+0,0000
Kupfer	Cu/Cu^{++}	+0,345
Silber	Ag/Ag^+	+0,7996
Quecksilber	Hg/Hg^{++}	+0,861

nach Kortüm, Lehrbuch der Elektrochemie.

Die Überspannung ist diejenige Spannung in Volt, die zusätzlich aufgewandt werden muß, um Wasserstoff an dem betreffenden Metall zu entwickeln. Sie ist eine Folge von kinetischen Hemmungen beim Reaktionsablauf der Wasserstoffabscheidung, da bei einer in mehreren Teilschritten ablaufenden Reaktion stets der langsamste

Teilvorgang die Reaktionsgeschwindigkeit bestimmt. (Entladung der Wasserstoffionen, Adsorption am Metall, Rekombination zu H_2-Molekülen, Entweichen des gasförmigen Wasserstoffs usw.)

Blei und Quecksilber haben besonders hohe Werte, sie verhalten sich also edler, als der Tabelle 2 entspricht. Nur die hohe Überspannung von Blei schützt dieses Metall vor Auflösung in der Akkumulatorensäure. Ohne die hohe Überspannung des Bleis wäre also der Bleiakkumulator nicht möglich. Die Wasserstoffüberspannung ist der Gegenstand sehr vieler wissenschaftlicher Arbeiten gewesen.

Für das wirkliche Korrosionsverhalten bzw. für das Lösungsvermögen der Metalle in Säuren ist die Tabelle 2 bei weitem nicht ausreichend. So ist die Wasserstoffkorrosion vielfach dadurch ausgezeichnet, daß geringe Beimengungen an edleren Metallen den Angriff sehr stark steigern. Eins der bekanntesten und am eingehendsten bearbeiteten Beispiele hierfür ist die Korrosion von Zink. Ganz reines Zink besitzt eine überraschende Korrosionsfestigkeit. Bereits Spuren von Verunreinigungen edlerer Metalle genügen jedoch, um die Auflösungsgeschwindigkeit des Zinks in Säuren außerordentlich stark zu steigern. Dieser Effekt gehört zu den am eingehendsten untersuchten Korrosionserscheinungen und bildet eine der Hauptgrundlagen für die Lokalelementtheorie der Metallkorrosion (K. S. 243). Weitere Ausnahmen des Verhaltens der Metalle gegenüber der Spannungsreihe werden durch die Bildung schützender Deckschichten verursacht.

Es ist bemerkenswert, daß selbst ein so unedles Metall wie Magnesium in Flußsäure einen starken Korrosionsschutz durch unlösliches MgF_2 bildet. Die schützende und veredelnde Wirkung von derartigen Überzügen aus unlöslichen Salzen zeigt die Tabelle 3.

Tabelle 3
Beispiele für die Verwendung reiner Metalle

Reagenz	Empfohlenes Metall	Ursache des Widerstandes
Chlor oder Salzsäure	Silber	kaum lösliches AgCl
Flußsäure	Magnesium	kaum lösliches MgF_2
Salpetersäure	Aluminium	langsam lösliches Al_2O_3
Schwefelsäure	Blei	kaum lösliches $PbSO_4$
Schwefelsäure mit überschüssigem Schwefeltrioxyd	Eisen	Oxyd oder Sulfat

Bei der Einwirkung von Säuren auf Eisen und Aluminium spielen Verunreinigungen ebenso wie beim Zink eine große Rolle. Aluminium mit einer Reinheit von 99,998 löst sich nach Tabelle 4 etwa

Tabelle 4[6])
Auflösungsgeschwindigkeit von Reinaluminium (K. S. 433)

Reinheit Al %	Auflösungsgeschwindigkeit g/m²·Tag
99,998	6
99,99	112
99,97	6 500
99,88	36 000
99,2	190 000

20 000mal langsamer in konzentrierter Salzsäure auf als Aluminium von 99,2 %, Gußeisen in einfach normaler Salzsäure hat eine 10mal so große Auflösungsgeschwindigkeit wie Schmiedeeisen und eine 100mal so große wie reines Elektrolyteisen. Offenbar ist hier das Lokalelement Eisen-Kohlenstoff in der Lage, eine starke Wasserstoffentwicklung zu ermöglichen. Dieser Effekt zeigt sich nach eigenen Feststellungen (K. S. 137) schon in sehr schwach sauren Lösungen, in denen bei pH 4,6 die Korrosion von reinem Eisen nicht größer war als in neutraler Lösung, während bei Gußeisen mit 2,3 % Kohlenstoff sich die Korrosion bei pH 4,6 bereits annähernd verzehnfacht hatte. Noch ausgeprägter wurden die Unterschiede zwischen reinem Eisen und Gußeisen bei pH 1,25.

Abgesehen von der Neigung des stark kohlenstoffhaltigen Eisens, in einem sauren Medium stärker zu korrodieren als Eisen mit geringem Kohlenstoffgehalt, ist bei der Eisenkorrosion in fast allen Fällen, wie bereits betont wurde, die Materialeigenschaft, also auch der Gehalt an metallischen Beimengungen für den Korrosionsverlauf unwesentlich. Im Gegensatz hierzu ist z. B. bei der Aluminiumkorrosion ganz allgemein die Reinheit des Metalls der maßgebende Faktor, so daß für die Metallurgie des Aluminiums das Bestreben kennzeichnend ist, möglichst reines Metall zu erhalten.

[6]) Tödt, Über die Anfangskorrosion der Metalle in Berührung mit wäßrigen Lösungen bei Raumtemperatur. Werkstoffe und Korrosion, 431 (1954).

5. Einfluß der Zeit auf den Korrosionsverlauf

a) Die zeitliche Korrosionszunahme

Bei der Auflösung des Zinks in Säuren löst sich das Metall zunächst sehr langsam, bis dann in dem Maße, als sich die lokalelementbildenden Fremdmetalle an der Oberfläche anreichern, die Lösungsgeschwindigkeit ein Vielfaches des Anfangsbetrages erreicht. Man bezeichnet diesen Zeitverlauf als Induktionsperiode. Bei der Korrosion des Eisens in Warmwasser kann das Kupfer in ähnlicher Weise ein allmählich sich steigerndes Zustandekommen starker Korrosionserscheinungen verursachen.

Das zeitliche Anwachsen der Korrosion kann noch einen gänzlich anderen Grund haben, nämlich die Zerstörung von zunächst schützenden Deckschichten, die sich entweder an der Luft durch den Sauerstoff gebildet haben oder die künstlich auf dem Metall erzeugt sind Man kann auch das allmähliche Aufhören der schützenden Wirkung von Anstrichen unter diesem Gesichtspunkt betrachten.

Eine weitere Möglichkeit besteht in der Verminderung von Ionen der Metalle in der Lösung (z. B. durch Komplexbildner). Auch hierdurch k a n n eine verstärkte Korrosion auftreten.

b) Der Korrosionsrückgang durch Deckschichten

Die Korrosionsabnahme durch Bildung von Schutzschichten kann je nach der Geschwindigkeit der Entstehung einer dichten Haut zwi-

Abb. 3. Schutzschichtbildung (Passivierung) von nichtrostenden Stählen in destilliertem Wasser.

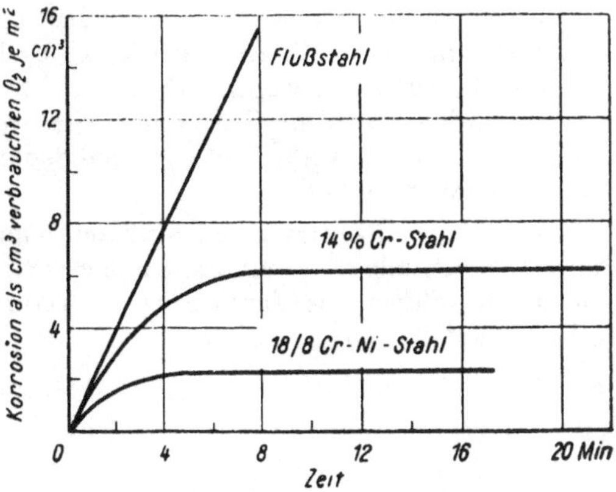

schen Bruchteilen von Sekunden und Jahrzehnten schwanken, z. B. bildet sich nach Abb. 3 die schützende Oxydhaut beim Chromnickelstahl (18 % Cr, 8 % Ni) in weniger als 2 Minuten und beim 14 %igen Chromstahl etwa 6 Minuten (K. S. 21). Eine ähnlich günstige Wirkung wie Chrom als Legierungsbestandteil von Eisen haben auch chromsäurehaltige oder chromathaltige Lösungen auf korrodierende Eisenflächen.

Die Schutzschichtbildung auf Eisenoberflächen in Berührung mit Leitungswasser tritt je nach der Wasserzusammensetzung in Tagen oder Wochen ein. Wohl die längsten Zeiten der Schutzschichtbildung hat man auf Eisenoberflächen an der Luft beobachtet. Hier kann die Schutzschichtbildung 10—15 Jahre und länger dauern.

c) Sonstiger Einfluß der Zeitdauer

Auch die normale Sauerstoffkorrosion des Eisens in Berührung mit nicht zu sauren wäßrigen Lösungen besitzt eine außerordentliche starke Zeitabhängigkeit. So beträgt nach eigenen Messungen (K. S. 144) die Korrosion des Eisens in neutralen, schwach sauren und schwach alkalischen Lösungen in den ersten Augenblicken einige 100 g pro Tag und pro m² korrodierende Oberfläche. Die Werte sinken schnell ab und gehen innerhalb von 10 Minuten je nach den Versuchsbedingungen auf etwa $^1/_{30}$ bis $^1/_{50}$ zurück. Dieser zeitliche Verlauf ist genau umgekehrt wie bei der auf Seite 17 bei der Zinkkorrosion beschriebenen Induktionsperiode (beim Zink zunächst geringe, auf das Vielfache sich steigernde Korrosion, beim Eisen zuerst sehr starke, auf einen geringen Bruchteil zurückgehende Korrosion). Die Ursache für den stark zeitlichen Rückgang bei der Eisenkorrosion ist die in den ersten Augenblicken an der korrodierenden Oberfläche reichlich vorhandene Sauerstoffmenge, welche die Korrosion bedingt, daher schnell verbraucht wird und dadurch die zeitliche Abnahme bewirkt (K. S. 144).

Weitere Beziehungen zwischen Korrosion und Zeit sind im Abschnitt B 1 behandelt, soweit es sich hier um Korrosionsversuche handelt, bei welchen eine Verkürzung der Versuchsdauer angestrebt wird.

II. Teil — Die Messung der Metallkorrosion

A. Die Vielgestaltigkeit der Korrosionsmessung

Eine Messung der Metallkorrosion kann auf die verschiedenste Weise erfolgen. Die einfachste und sinnfälligste Korrosionsprüfung besteht darin, daß man mit dem Auge die Veränderung des Metalls beobachtet. Jedem Laien ist eine solche Beobachtung des Verrostens von Eisen geläufig. Diese rein qualitative Bestimmung der Korrosion läßt sich nun zunächst dadurch ergänzen, daß man nach Entfernung der Korrosionsprodukte den Metallverlust durch Wägung bestimmt. Anstatt der Gewichtsabnahme kann bei festhaftenden Korrosionsprodukten auch die Gewichtszunahme als Korrosionsmaß dienen.

Da bei der Korrosion die mechanischen Eigenschaften der Metalle sich verschlechtern, gibt es eine Reihe von sogenannten mechanischen Korrosionsprüfverfahren. Hierher gehört die Messung der Zugfestigkeit, Dehnung, Elastizität, Härte usw. Diese Verfahren bilden bekanntlich eine wesentliche Grundlage der Materialprüfung. Auch moderne physikalische Hilfsmittel, wie die Messung der Beugung von Röntgenstrahlen, der Eigenfrequenz und der optischen Eigenschaften sind hier zu nennen.

Es gibt weiterhin zahlreiche meist chemische Kurzprüfungen, welche auf einer sofort eintretenden Reaktion der korrodierenden Metalloberfläche mit stark chemisch angreifenden Stoffen beruhen. So kann man die Metalloberfläche mit Indikatoren prüfen, welche durch verschiedene Färbungen den der Korrosion meist zugrunde liegenden Lokalelementvorgang direkt sichtbar machen. Beispielsweise färben sich beim Aufbringen eines Gemisches von Phenolphtalein und Ferrocyankalium auf eine Eisenoberfläche die anodischen Stellen blau und die kathodischen rot. Bringt man Salze edlerer Metalle, wie z. B. Kupfersulfat, auf korrodierendes Eisen, so zeigt das sich ausscheidende metallische Kupfer die Korrosion an. Zu den Kurzprüfungen gehören ferner elektrochemische und elektrische Meßmethoden, wie die Potentialmessung, die Messung der Stromstärke oder auch die Messung der elektrischen Widerstandszunahme von korrodierenden Metalldrähten.

Diese Aufzählung von Korrosionsprüfmethoden läßt erkennen, daß bei einer kurzen Darstellung der Korrosionsmeßmöglichkeiten eine genaue Beschreibung der einzelnen Meßmethoden sich schon deswegen erübrigt, weil diese Methoden von anderen Wissenszweigen her (Chemie, Physik, Elektrotechnik usw.) geläufig sind. Es wird vielmehr in den meisten Fällen darauf ankommen, auf diejenigen Punkte einzugehen, welche mit dem Korrosionsvorgang selbst zusammenhängen.

Das Problem der Korrosionsmessung besteht einmal darin, von den genannten zahlreichen Meßmöglichkeiten das für den jeweiligen Fall zweckmäßigste Verfahren zu erkennen. Weiterhin kommt es dann auf die richtige Ausführung und Auswertung des Korrosionsversuchs an. Wenn hier anstatt des Wortes Korrosionsmessung das Wort Korrosionsversuch benutzt wird, so soll hiermit zum Ausdruck gebracht werden, daß eine Korrosionsmessung in den meisten Fällen nichts anderes ist als ein wissenschaftlicher oder technischer Versuch, der eine bisher offene Frage beantworten soll.

Wenn man sonst die Messung eines physikalischen oder chemischen Vorganges beschreibt, so handelt es sich fast immer in erster Linie um die Darstellung der Möglichkeiten, eine genau definierte Größe zu messen. Bei der Korrosion ist es jedoch ganz anders, weil es hier darauf ankommt, einen Einblick in einen verwickelten Vorgang zu erhalten, der primär in einer chemischen bzw. elektrochemischen Umwandlung des korrodierenden Metalls besteht. Da durch diesen primären Vorgang oft mechanische und pyhsikalische Eigenschaften (Härte, Festigkeit usw.) entscheidend beeinflußt werden, kann in solchen Fällen eine Korrosionsmessung nur Erfolg haben, wenn man die betreffenden Korrosionsvorgänge genau kennt. So muß man z. B. wissen, ob eine mechanische oder chemische Untersuchungsmethode benutzt werden muß, oder auch, ob und was für eine Kurzprüfung geeignet sein kann usw. Eine solche Kenntnis ist für die Durchführung der Korrosionsmessung und eine richtige Beurteilung der Ergebnisse unentbehrlich.

Es kommt darauf an, für jeden Einzelfall die maßgebenden und die bedeutungslosen Einflüsse voneinander zu trennen. Andernfalls sind die Korrosionsprüfungen entweder nutzlos oder sogar schädlich, da sie leicht zu falschen Schlüssen führen können.

B. Art der Versuchsanstellung bei Korrosionsmessungen

1. Gegenüberstellung von Naturversuch und Laboratoriumsversuch sowie von Kurz- und Langzeitversuch

Wohl das schwierigste, aber gleichzeitig wichtigste Problem der Korrosionsmessung ist die Entscheidung der Frage, ob der Naturversuch oder der Laboratoriumsversuch ein besseres Urteil über die Korrosion liefert. Die Antwort muß zunächst so lauten, daß in bestimmten Fällen der Naturversuch und in anderen Fällen wiederum der Laboratoriumsversuch zweckmäßiger ist.

a) Fälle, in denen der Naturversuch oder der rein praktische Versuch nicht entbehrt werden kann

Der Naturversuch, d. h. nach DIN 50900: „Die Prüfung, bei der das Prüfstück oder die Probe unmittelbar den praktisch vorkommenden, natürlichen Angriffsbedingungen ausgesetzt wird“, ist für die Beurteilung des Korrosionsverhaltens eines Werkstoffes von großer Wichtigkeit, da er das Verhalten unmittelbar am Arbeitsort kennzeichnet. Naturversuche, wenn es sich um atmosphärische bzw. Bodenversuche handelt, auch als „Feldversuche“ bezeichnet, beanspruchen einen langen Zeitraum, um Witterungsschwankungen auszugleichen. Für die schnelle Entwicklung neuer Werkstoffe oder bei der Aufklärung von Schadensfällen ist diese Untersuchungsmethodik nicht anwendbar.

Als Beispiel sei hier die Korrosion von Kondensatorrohren genannt, welche am besten in der Praxis selbst gemessen wird, indem man Versuchsrohre einbaut oder einen besonderen Versuchskondensator anbringt (K. S. 805). Obwohl die Kondensatorkorrosion wegen ihrer großen wirtschaftlichen Bedeutung sehr stark bearbeitet wurde, sind hier nach wie vor ungelöste Fragen vorhanden. Eine Anlage, die oft jahrzehntelang einwandfrei gearbeitet hat, fällt ohne ersichtlichen Grund plötzlich der Korrosion anheim. In der Zuckerindustrie ergab ein Vergleich verschiedener Betriebsbedingungen als wahrscheinliche Ursache für die überraschende Korrosion von Kondensatorrohren den bei einer bestimmten Arbeitsweise auftretenden hohen Ammoniakgehalt.

Ein weiterer hierher gehörender Fall wurde auf Seite 4 behandelt, nämlich die allmähliche Ausbildung von Schutzschichten bei Eisen und Aluminium an der Luft. Hier kann die Entstehung der schützenden Deckschichten Jahre oder Jahrzehnte dauern. Es ist selbstverständlich, daß derartige Vorgänge niemals im Laboratorium untersucht werden können.

Ähnlich wie bei der Kondensatorkorrosion hat man es in der Praxis vielfach mit einer mechanischen Beanspruchung bei gleichzeitiger chemischer Einwirkung zu tun (Korrosionsermüdung, S. 53). In allen solchen Fällen, in denen eine Überlagerung von schwer übersehbaren Einflüssen stattfindet, müssen sich die Korrosionsversuche eng an die Praxis anlehnen. Trotzdem muß natürlich angestrebt werden, den im nächsten Abschnitt II, B, 1, b behandelten „maßgebenden Faktor" durch die Art der Versuchsanstellung zu ermitteln.

b) Fälle, in denen der Laboratoriumsversuch dem Naturversuch überlegen ist

Der Laboratoriumsversuch ist nach DIN 50 900 definiert als: „Im Laboratorium ausgeführte Prüfung, bei der künstlich geschaffene und regelbare Bedingungen vorliegen."

Hierbei muß selbstverständlich darauf geachtet werden, die Korrosionsvorgänge zwar zu beschleunigen[7]) (Kurzzeitversuch, Schnellkorrosionsversuch), ohne jedoch in der Praxis vorliegende Bedingungen derart zu verfälschen, daß eine Übertragung der Ergebnisse zum „natürlichen Verhalten" nicht mehr möglich ist.

Ein Vorteil der Laboratoriumsversuche ist es, den Reaktionsverlauf (z. B. durch kombinierte Analysen: Prüfstück — angreifendes Medium) genau verfolgen zu können.

Hier ist als Beispiel die in Abschnitt I, 4, a behandelte Sauerstoffkorrosion des Eisens besonders geeignet. Man hat sich z. B. jahr-

[7]) W. Hess, Werkstoffe u. Korrosion, 7, 325 (1955).

zehntelang vergeblich bemüht, die Korrosionserscheinungen von Guß-, Fluß- und Schmiedeeisen durch Naturversuche aufzuklären. Manchmal verhielt sich die eine Eisensorte besser und manchmal wieder die andere. Erst als man durch Laboratoriumsversuche gefunden hatte, daß der für die Korrosion maßgebende Umstand die in der Zeiteinheit an die Metalloberfläche gelangende Sauerstoffmenge ist, und daß es in den meisten Fällen belanglos ist, welche Eisensorte (Gußeisen, Schmiedeeisen. Flußeisen) man nimmt, war der Fall klargestellt (K. S. 28). Die jahrzehntelangen vergeblichen Naturversuche waren zwar natürlich, aber nicht eindeutig, weil beim Einhängen in Wasser je nach der zufälligen Entfernung von der Luftoberfläche oder einer schwachen Wasserbewegung die Sauerstoffmenge an der Metalloberfläche und damit auch die Korrosion verschieden war. Unter solchen Umständen sind die aus einem Korrosionsversuch gezogenen Schlüsse nicht sicherer als eine Wettervorhersage. Demgegenüber brachten sinngemäß auf die Ermittlung des maßgebenden Faktors abgestellte Laboratoriumsversuche erst die richtige Lösung.

Dieses Beispiel läßt gleichzeitig erkennen, daß vielfach der Fehler gemacht wird, bei einem unerklärlichen Korrosionsfall von vornherein dem Material die Schuld zu geben, obwohl sehr oft irgendwelche Umwelteinflüsse maßgebend sind. Man muß in diesem Fall durch systematische Versuche die möglichen Korrosionsgründe in besonderen Meßreihen voneinander trennen, bis man den maßgebenden Faktor und damit die Korrosionsursache gefunden hat. Ähnliche Überlegungen sind auch bei der Korrosion von Warmwasser- und Dampfheizungsanlagen angebracht, welche ähnlich wie die Kondensatorkorrosion als ein bisher nur unvollkommen gelöstes Problem angesehen werden muß.

Ein in verschiedenen Gegenden Amerikas angestellter Vergleich zwischen Freilagerversuchen und Laboratoriumsversuchen führte zu dem Ergebnis, daß bei gleichen Werkstoffen in Abhängigkeit von den unterschiedlichen klimatischen Einflüssen bei Naturversuchen erheblich größere Streuungen auftraten als bei sorgfältig ausgeführten Laboratoriumsversuchen. Außerdem wurde bei Freilagerversuchen mit verzinkten Proben festgestellt, daß der Korrosionsangriff stark davon abhängt, bei welcher Witterung (Jahreszeit) die Messung begonnen wurde, da die Widerstandsfähigkeit der zuerst gebildeten Schicht durch die Witterungsbedingungen entscheidend beeinflußt wird.

Die Entscheidung darüber, wann ein Naturversuch und wann ein „künstlicher" Laboratoriumsversuch am Platze ist, kann nur von Fall zu Fall getroffen werden. Voraussetzung für eine richtige Entscheidung ist eine genaue Kenntnis sämtlicher Einflüsse, welche die Korrosion beeinflussen.

c) Kurzzeitversuch und Langzeitversuch

Man kann zunächst aus dem auf Seite 17 behandelten zeitlichen Verlauf der Korrosion den Schluß ziehen, daß in einer großen Anzahl von Fällen eine Abkürzung der Versuchsdauer völlig falsche Resultate liefern muß. Es gibt aber, wie die folgenden Beispiele zeigen sollen, auch Versuchsbedingungen, bei denen der Kurzzeitversuch eine einwandfreie Beurteilung des Korrosionsverhaltens in längeren Zeiträumen ermöglicht. So läßt sich z. B. die Beständigkeit von Flußeisen gegen interkristalline Korrosion durch Speisewässer, Laugen u. dgl. durch die Alterungskerbschlagprobe vorausbestimmen (K. S. 965). Ähnlich läßt sich die Schutzwirkung von Farbanstrichen durch mechanische Prüfung der Geschmeidigkeit, Haftfestigkeit und Härte ohne Mitwirkung chemischer Prüfungen beurteilen. Ein Vergleich zwischen Laboratoriumskurzversuchen von 10 Tagen (Rührversuch mit Wasserstoffperoxydzusatz) und Naturversuchen von 6 Monaten (Wechselwirkung des Meerwassers in Norderney) ergab an 10 Werkstoffen mit z. T. verschiedener Zusammensetzung und Wärmebehandlung befriedigende Übereinstimmung. Zusammenfassend kann gesagt werden, daß es bei der Frage, ob Naturversuch oder Laboratoriumsversuch, ob Kurz- oder Langzeitversuch, zunächst darauf ankommt, sich einen Einblick in die Korrosionsursachen zu verschaffen und vor allem auf Grund bereits bekannter Ergebnisse die jeweils günstigste Versuchsart zu wählen.

2. Korrosionsmessungen in ruhender Flüssigkeit

Bei der Korrosion der Metalle in ruhenden Flüssigkeiten, die keine stark saure oder alkalische Wirkung ausüben, spielt der an die korrodierende Oberfläche gelangende Sauerstoff die Hauptrolle. Wenn das Metall völlig eintaucht, wird meistens der gesamte zur Verfügung stehende Sauerstoff verbraucht. In diesem Fall beträgt die Korrosion etwa $^1/_{20}$ bis $^1/_{10}$ Grammäquivalent pro Tag und m^2 Oberfläche, das sind bei Eisen ungefähr 1—3 g pro Tag pro m^2 korrodierender Fläche. Das äußere Erscheinungsbild des Angriffs kann nun je nach Eigenart der Metallfläche und der Zusammen-

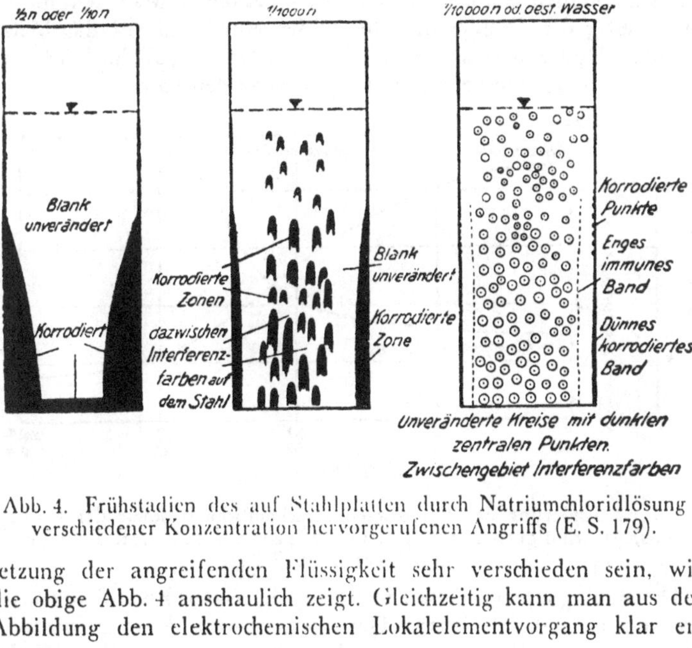

Abb. 4. Frühstadien des auf Stahlplatten durch Natriumchloridlösung verschiedener Konzentration hervorgerufenen Angriffs (E. S. 179).

setzung der angreifenden Flüssigkeit sehr verschieden sein, wie die obige Abb. 4 anschaulich zeigt. Gleichzeitig kann man aus der Abbildung den elektrochemischen Lokalelementvorgang klar erkennen.

Der in der Abb. 4 dargestellte Angriff ist je nach dem Salzgehalt der Lösung dem Aussehen nach sehr verschieden, obwohl er rein mengenmäßig nur geringe Unterschiede aufweist. In sehr verdünnter Lösung ($^1/_{10\,000}$ normal, das entspricht ungefähr dem äußerst geringen Salzgehalt von destilliertem Wasser) haben wir zahlreiche Korrosionspunkte (das rechte Feld), die mit zunehmendem Salzgehalt stark abnehmen (das mittlere Feld), um bei hohem Salzgehalt (linkes Feld) in eine einheitlich korrodierende Fläche überzugehen, welche man als ideale Korrosionsverteilung bezeichnet. Bei geringem Salzgehalt, also geringer elektrischer Leitfähigkeit, können sich keine größeren Lokalelementzonen ausbilden. Wenn dagegen die Leitfähigkeit im Fall der idealen Verteilung groß genug ist, wird die gesamte Fläche in der Nähe der Schnittkante unedel, während der größere Teil des Metalls durch die veredelnde Wirkung des Sauerstoffs kathodisch geworden ist und geschützt bleibt. Man sieht hierbei gleichzeitig den Einfluß der Oberfläche. Am Rande ist das Metall offenbar kantig und unregelmäßig gestaltet, so daß hier sich eine zusammenhängende edle Oxydhaut nicht bilden kann.

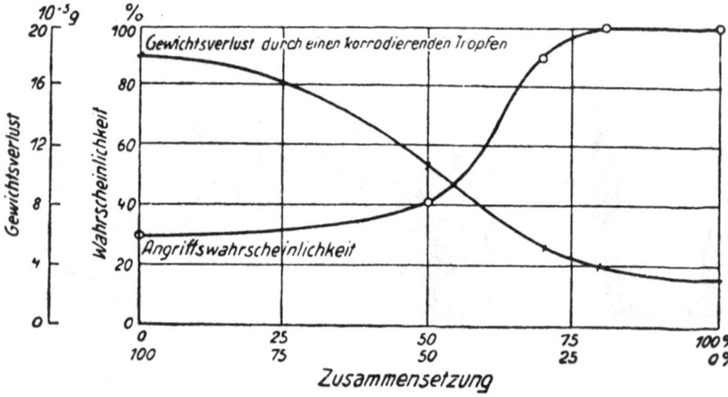

Abb. 5. Änderung der Korrosionswahrscheinlichkeit sowie der Korrosionsgeschwindigkeit mit dem Sauerstoffgehalt. (Nach U. R. Evans und R. B. Mears.) (K. S. 22)

Die Bedingungen für die Entstehung der ersten Korrosionszentren wurden durch die statistische Untersuchung von Mears in folgender Weise ermittelt. Eisenproben wurden mit einem Pinsel durch Wachsstriche in eine große Anzahl kleiner voneinander isolierter Quadrate (3×3 mm) geteilt und mit Flüssigkeit bedeckt. Dann wurde die Hauptmenge der Flüssigkeit abgegossen und die Korrosion an der Luft beobachtet. Quadrate, die hierbei nach 15 Minuten nicht angegriffen wurden, bleiben gewöhnlich auch nach langer Zeit blank. Mit wachsendem Sauerstoffgehalt nahm die Stärke der Korrosion zu, die Angriffswahrscheinlichkeit dagegen ab (Abb. 5).

Auch die Abb. 5 liefert wieder eine klare Bestätigung für die elektrochemische Tätigkeit des Sauerstoffs. Mit steigender Sauerstoffmenge steigt, wie man sieht, die Korrosion an, weil mehr Sauerstoff an die Lokalelemente gelangt. Aber andererseits wird auch mit steigender Sauerstoffmenge die Aussicht, daß sich eine lückenlose und daher schützende Oxydhaut bildet, größer. Aus diesem Grunde wird die Wahrscheinlichkeit, daß eine bestimmte Stelle der Oberfläche angegriffen wird, um so geringer, je größer der Sauerstoffgehalt wird.

An der Grenzlinie Metall—Flüssigkeit treten besondere Korrosionserscheinungen auf, für deren Messung das englische Korrosions-

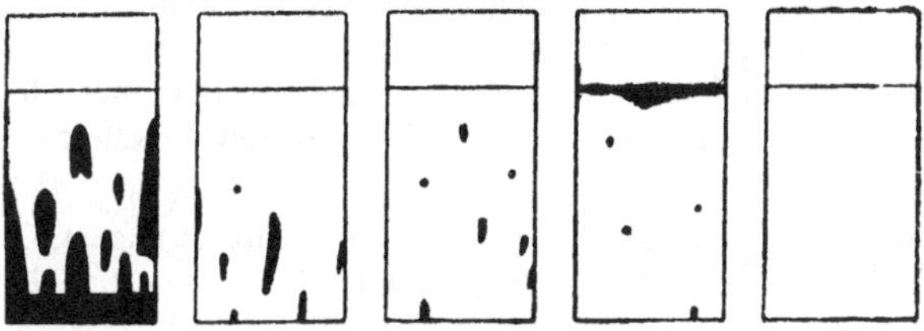

Abb. 6. Korrosion vom Stahl A durch Natriumchlorid, B—E durch Natriumchlorid mit steigenden Zusätzen von Natriumkarbonat (E. S. 306).

kommittee vorschlägt, die Metallproben entweder in Bechergläsern ³/₄ eintauchen zu lassen und in einem Winkel von 70° gegen die Horizontale aufzustellen oder, was wegen der Vermeidung einer Berührung mit dem Glas noch besser ist, das Metall oben anzuklammern und in die Lösung tauchend frei schweben zu lassen (K. S. 927). Die obenstehende Abb. 6 läßt erkennen, in welcher Weise die Wasserlinienkorrosion mit der Zusammensetzung der korrodierenden Lösung zusammenhängt. Der Wasserlinienangriff tritt in diesem Fall dadurch auf, daß die auf der alkalischen Reaktion beruhende korrosionsschützende Wirkung von Soda durch die Dreiphasengrenze Wasser—Luft—Metall gestört wird.

Oft handelt es sich auch dann um eine Korrosion durch Wasser, wenn man es scheinbar mit anderen Flüssigkeiten zu tun hat. So ist die Korrosion durch Treibstoff auf geringe Wasserspuren zurückzuführen, die nicht im Treibstoff gelöst, sondern als Wassertröpfchen vorhanden sind.

Korrosionsmessungen in natürlichem und künstlichem Meerwasser, die sich auf 4 Jahre erstreckten, ergaben in natürlichem Meerwasser eine normale Korrosion von etwa 2 g pro m² und Tag, während im künstlichen Meerwasser die Korrosion allmählich auf etwa den fünften Teil abgesunken war. Beim Gußeisen, das in Salzlösungen eingetaucht wird, treten besondere Erscheinungen auf, die offenbar mit der feinkörnigen Oberfläche und dem hohen Kohlenstoffgehalt zusammenhängen.

3. Korrosionsmessungen in bewegter Flüssigkeit

Wenn die Korrosionsmessung in bewegter Flüssigkeit stattfindet, so hat man zunächst eine Korrosionssteigerung zu erwarten, da die korrosionsfördernden Stoffe in größerer Menge an die Oberfläche gelangen. Hier kann die Art des Materials von entscheidender Bedeutung sein.

Wenn die Flüssigkeitsbewegung sich weiter steigert, so kann schließlich der Sauerstoff in so großer Menge an die Oberfläche

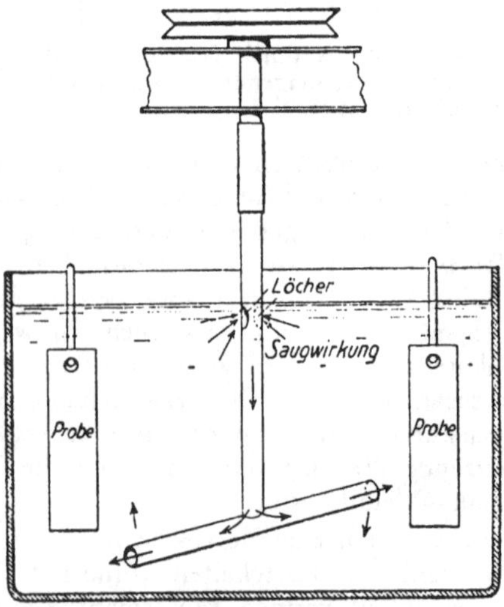

Abb. 7. Rührgerät.

gelangen, daß er eine schützende Oxydhaut erzeugt, die Korrosion geringer wird und schließlich aufhört. Bei der Korrosion von Eisen in Leitungswasser kommt zur Sauerstoffwirkung als maßgebender Faktor die Bildung schützender Kalk-Rostschichten hinzu. In der

Praxis vollzieht sich diese Schutzschichtbildung vielfach durch das fließende Leitungswasser, wobei im Sinne der soeben gemachten Ausführungen die Wasserbewegung den Korrosionsschutz fördert.

Zur laboratoriumsmäßigen Korrosionsmessung in bewegter Flüssigkeit benutzt man am einfachsten Rührvorrichtungen (Abb. 7), welche für größere Meßreihen als größere Apparate zusammengeschlossen werden. Bei Rohrprüfungen müssen die Angriffsmittel durch die Rohre fließen. Die einfachste Anordnung hierfür besteht darin, die Rohre sich dauernd um eine Achse, die senkrecht zur Rohrachse steht, drehen zu lassen; dabei ist jedoch von Nachteil, daß nur geringe Mengen Angriffsmittel verwendet werden können, was eine häufige Erneuerung erforderlich macht.

a) Durchflußversuche (K. S. 929—930)

Die Durchführung von Durchflußversuchen im Laboratorium kommt vor allem dann in Frage, wenn unter den praktischen Angriffsbedingungen größere, häufig erneuerte oder ständig neue Flüssigkeitsmengen auf die gleiche Werkstoffoberfläche wirken, wie dies z. B. bei der Versorgung von Trink- und Warmwasser auftritt.

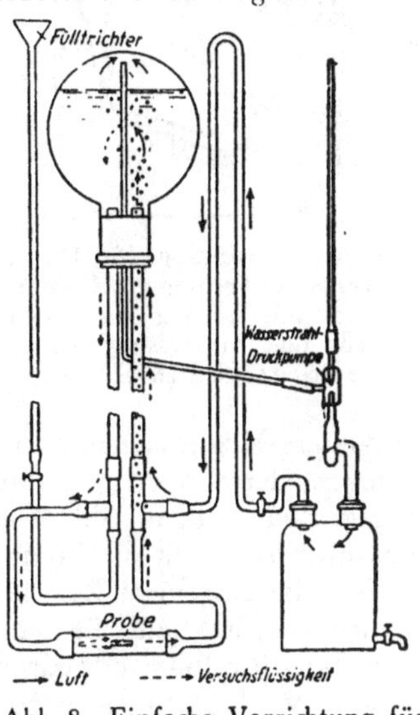

Abb. 8. Einfache Vorrichtung für Durchflußversuche (K. S. 929).

Eine einfache Vorrichtung für Durchflußversuche ist in Abb. 8 wiedergegeben. Wichtig ist hierbei, daß die zu prüfende Lösung von unten her an die zu prüfende Probe gelangt und oberhalb der Probe durch einen als selbsttätigen Heber wirkenden Überlauf abfließt. Dieser selbsttätige Heber bewirkt eine gute Belüftung, d. h. also Sauerstoffzufuhr zur Prüflösung. Mittels Druckluft oder dgl. kann dann die Lösung aus dem unteren Behälter in einen oberen Behälter befördert werden, von dem aus sie in das eigentliche Prüfgefäß abläuft. Sollen Rohre geprüft werden, so können diese direkt an Stelle des Prüfgefäßes angebracht werden. Die Umlaufgeschwindigkeit wird zweckmäßig durch den Durchmesser der Zuleitungsrohre geregelt.

Sollen derartige Versuche bei höheren Temperaturen der Flüssigkeiten durchgeführt werden, so ist darauf zu achten, daß die Aufheizung der Prüflösung indirekt erfolgt, damit örtliche Überhitzungen vermieden werden.

Abb. 9. Vorrichtung für Durchflußversuche, bei der ein Gummischlauch mit Lösung zusammengepreßt und die Lösung weiterbefördert wird (K. S. 929).

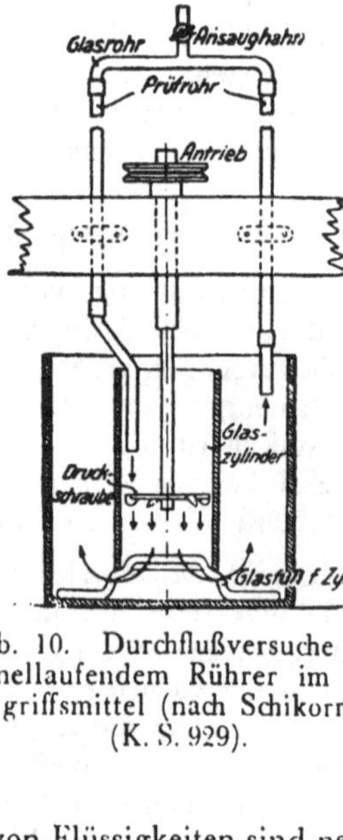

Abb. 10. Durchflußversuche mit schnellaufendem Rührer im Angriffsmittel (nach Schikorr) (K. S. 929).

Weitere Möglichkeiten zum Fördern von Flüssigkeiten sind neben Pumpen, deren Werkstoff durch die zu prüfenden Lösungen nicht angegriffen wird, in Abb. 9 und Abb. 10 gezeigt. Wie aus Abb. 9 ersichtlich ist, fließt die Lösung durch einen Gummischlauch. Durch Rollen, die auf einem Rad befestigt sind, wird dieser Schlauch zusammengedrückt und die darin befindliche Flüssigkeit in der gewünschten Richtung fortgedrückt. Bei der in Abb. 10 gezeigten Apparatur wird durch einen schnellaufenden Rührer die Flüssigkeit nach unten gedrückt, so daß sie dann von den höheren Stellen aus abfließen kann. Im letzteren Falle kann die Förderhöhe nicht sehr hoch sein. Diese Apparatur hat sich insbesondere bei Versuchen mit Flüssigkeiten von etwa 80° gut bewährt.

Wegen des elektrochemischen Charakters der Korrosion werden bei verschieden starker Strömung diejenigen Gebiete einer Metallfläche, welche stärkeren Strömungen ausgesetzt sind, bei Zink und Eisen infolge der größeren Sauerstoffzufuhr stärker veredelt. Dadurch entstehen elektrische Belüftungsströme und als Folge davon eine besondere Belüftungskorrosion. Bei edleren Metallen wie Kupfer beobachtet man einen umgekehrten Effekt, indem an den Stellen stärkerer Strömung das gelöste Kupfer stärker fortgeschafft wird, wodurch dann eine Verunedlung eintritt.

Bei der Korrosion von Eisen mit und ohne Walzhaut in fließendem Wasser wurde beobachtet, daß der Angriff bei Gegenwart einer Walzhaut zwar geringer, aber trotzdem gefährlicher war, weil er sich auf begrenzte Bezirke beschränkt hatte. Offenbar sind es die Risse und undichten Stellen in der Walzhaut, welche für diese örtliche Korrosion (Lochfraß) verantwortlich gemacht werden müssen[8])

4. Korrosionsmessungen unter atmosphärischen Bedingungen

a) Naturversuche

Das Verrosten des Eisens an der Luft hat in den letzten Jahrzehnten eine bemerkenswerte Zunahme erfahren. Hieraus wurde vielfach der Schluß gezogen, daß die früheren Eisensorten besser waren. Diese Schlußfolgerung ist aber nicht richtig, wie sich aus der vergleichenden Betrachtung sämtlicher Ergebnisse von Korrosionsmessungen an der Atmosphäre ergibt. Langjährige Versuche an verschiedenen Orten in Europa, Asien und Afrika ergaben zunächst eine sehr starke Abhängigkeit vom Klima. So wurde z. B. in Khartum (Ägypten) 0,017 und in Sheffield in England 2,4/m^2/Tag Metallverlust gefunden. Entscheidend ist der weitere, auf Seite 22 bereits erwähnte Befund, daß in mehreren Jahrzehnten sich in einer ländlichen, von Industrieprodukten freien Atmosphäre eine Schutzschicht ausbilden kann, die jeglichen weiteren Angriff verhindert.

Besonders ausgeprägt ist bei der Korrosion an der Atmosphäre der Einfluß der relativen Feuchtigkeit. Sowohl beim Kupfer als auch

[8]) S. Sussmann, I. B. Fullmann, Corrosion [Houston], 11 (1955).

beim Eisen setzt die Korrosion ungefähr oberhalb 70% relativer Feuchtigkeit stark ein. Dieses Verhalten deutet darauf hin, daß weit unterhalb des Sättigungspunktes das Wasser sich an festen Oberflächen kondensieren kann. Durch den Gehalt der Luft an Staub und an Schwefelsäure wird die atmosphärische Korrosion erhöht.

Sehr eingehend untersucht ist die korrosionsschützende Wirkung eines Kupfergehaltes von etwa 0,2% auf die atmosphärische Eisenkorrosion (K. S. 139). Unter den meisten atmosphärischen Bedingungen ist der gekupferte Stahl deutlich überlegen. Ausnahmen hiervon wurden in Tunneln gefunden. Beim Blei ebenso wie beim Aluminium hat man einen allmählich einsetzenden Stillstand der Korrosion, hervorgerufen durch Schutzschichten, beobachtet. Gußeisen verhält sich an der Atmosphäre günstiger als Flußstahl. Eine Walzhaut auf Eisen bietet im Laufe eines Jahres einen Korrosionsschutz, der jedoch dann im Laufe der weiteren Jahre wieder zurückgeht[9]).

b) Laboratoriumsversuche

Eine Nachahmung der an der Nord- und Ostsee herrschenden atmosphärischen Bedingungen im Laboratorium wird in der Weise vorgenommen, daß die zu untersuchenden Proben nach Abb. 11 in einem geschlossenen Raum aufgehängt werden, in welchem stündlich einmal für kurze Zeit eine 3%ige Lösung von Kochsalz durch Preßluft versprüht wird.

Die Zerstäubung soll so fein sein, daß sich der Nebel bis zur nächsten Sprühung hält. Diese Methode (DIN 50907), die zur Beurteilung des Verhaltens von Aluminium und Aluminiumlegierungen im Meeresklima geeignet ist, liefert nach Schikorr keine einwandfreien Schlüsse über die Korrosionsbeständigkeit in städtischen Atmosphären.

Ebenfalls sehr verbreitet ist der Wechseltauchversuch, bei welchem die Proben halbstündlich für kurze Zeit in eine 3%ige Lösung von Kochsalz eintauchen. Dieser Versuch entspricht in seiner Wirkung dem natürlichen Ebbe-Flut-Versuch und gibt einen Einblick in das Verhalten von Werkstoffen, die vorübergehend feucht und wieder trocken werden oder bei denen eine Bespritzung mit Seewasser stattfindet, wie z. B. bei Schwimmern von Flugzeugen. Ergebnisse mit

[9]) A. Kutzelnigg, Werkstoffe und Korrosion, 2, 65 (1956).

Wechseltauchversuchen bei verschiedener Eintauchdauer sind in der Abb. 12 enthalten, während Abb. 13 den Einfluß verschiedener relativer Feuchtigkeit im Versuchsraum darstellt.

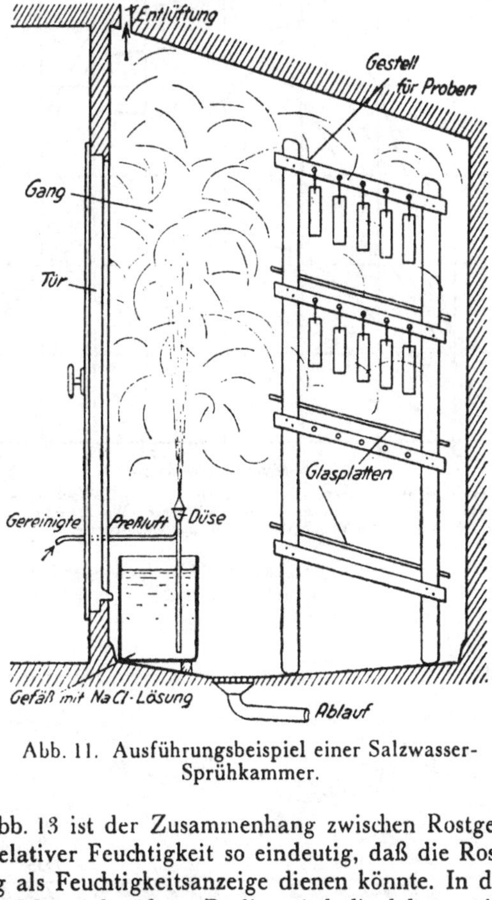

Abb. 11. Ausführungsbeispiel einer Salzwasser-Sprühkammer.

Nach Abb. 13 ist der Zusammenhang zwischen Rostgeschwindigkeit und relativer Feuchtigkeit so eindeutig, daß die Rostapparatur gleichzeitig als Feuchtigkeitsanzeige dienen könnte. In der Bundesanstalt für Materialprüfung Berlin wird die laboratoriumsmäßige Prüfung von Metallen auf Beständigkeit gegen städtische Atmosphären so vorgenommen, daß ein selbsttätiges Tauchgerät die Pro-

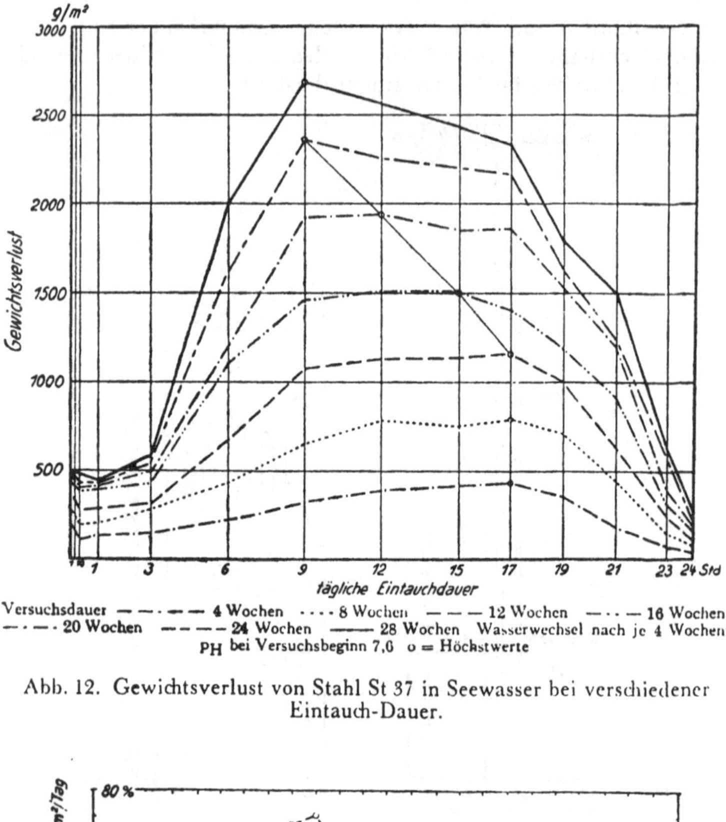

Abb. 12. Gewichtsverlust von Stahl St 37 in Seewasser bei verschiedener Eintauch-Dauer.

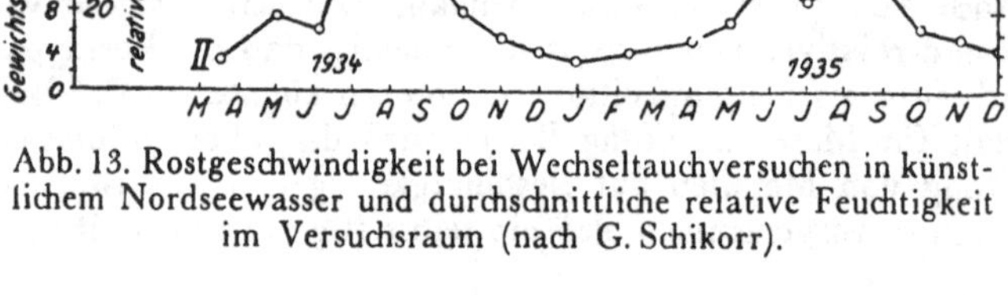

Abb. 13. Rostgeschwindigkeit bei Wechseltauchversuchen in künstlichem Nordseewasser und durchschnittliche relative Feuchtigkeit im Versuchsraum (nach G. Schikorr).

ben alle 2 Stunden 5 Minuten lang in eine Lösung, die 0,05 % Schwefelsäure und 0,01 % Salzsäure enthält, eintaucht (entsprechend dem Säuregehalt einer Industrieatmosphäre). Das Gerät ist täglich 16 Stunden geschlossen, so daß in ihm hohe Luftfeuchtigkeit herrscht, und 8 Stunden geöffnet, während der die Proben trocknen können.

Ein weiteres Prüfgerät ist das in Abb. 14 gezeigte Feuchtlagergerät zur Prüfung der Werkstoffe unter verschiedenen Klimaeinflüssen. Die wichtigsten Prüfklimate sind nach DIN 50010 festgelegt.

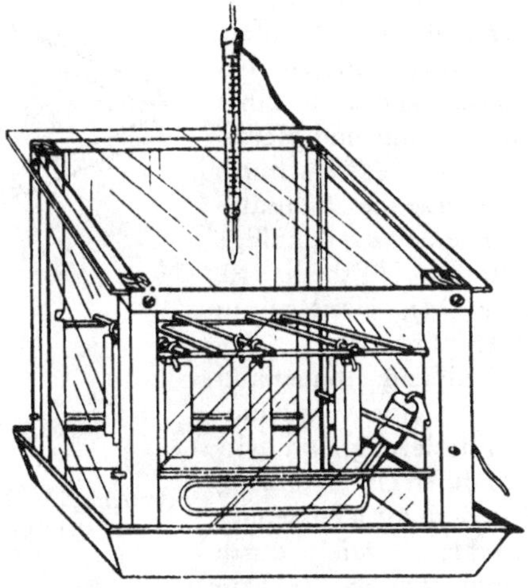

Abb. 14. Feuchtlagergerät zur Beurteilung von Klimaeinflüssen.

5. Korrosionsmessungen bei erhöhter Temperatur

Die Korrosion steigt im großen und ganzen mit der Temperatur an. Allgemeingültige Zahlen für den Temperaturkoeffizienten können nicht angegeben werden, da je nach den besonderen Verhältnissen sehr verschiedene Werte möglich sind. Bei Eisen in Berührung mit lufthaltigem Wasser steigt die Korrosion pro Grad um etwa 6 % an. Dieser überraschend hohe Temperaturkoeffizient ist darauf zurückzuführen, daß mit steigender Temperatur die Konvektion (Wirbelung) stark zunimmt und erhöhte Sauerstoffmengen an die Oberfläche gelangen. Steigt die Temperatur bis in die Nähe des Siedepunktes, so kann die Korrosion wegen der Abnahme des im Wasser gelösten Sauerstoffs stark zurückgehen.

a) Warmwasser[10])

Es wurde bereits auf Seite 21 bei der Gegenüberstellung von Naturversuchen und Laboratoriumsversuchen betont, daß die Korrosion von Warmwasser- und Dampfheizungsanlagen als ein bisher unvollkommen gelöstes Problem angesehen werden muß. Bei der großen wirtschaftlichen Bedeutung dieses Gebietes werden große Anstrengungen gemacht, um hier Abhilfe zu schaffen. Die Mittel hierzu bestehen erstens in einer Entsäuerung und Reinigung des Wassers durch entsprechende Zusätze oder eine zweckmäßige Filtration (Tabelle 10, Seite 74), zweitens in einer Entfernung von schädlichem Sauerstoff (durch eine Natriumsulfitdosierung) und drittens durch Unterstützung der Bildung schützender Schichten, wie durch Phosphatzusatz. Nähere Angaben über diese Maßnahmen sind im zweiten Teil über Korrosionsverhütung, Abschnitt III, B, 3 gemacht, wo ebenfalls die Korrosion im Dampfkessel behandelt wird.

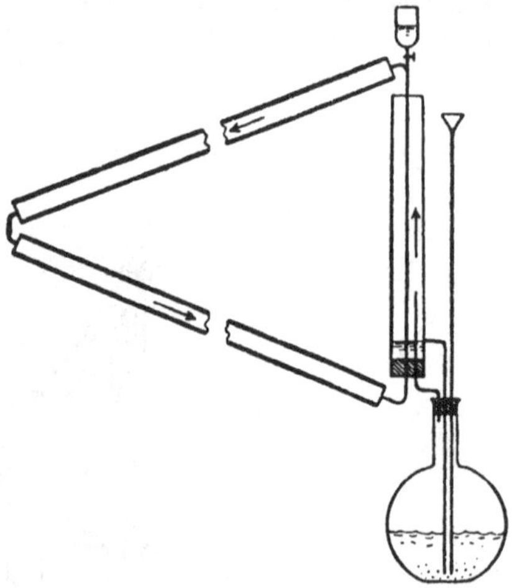

Abb. 15. Umlaufeinrichtung zur Werkstoffprüfung mit warmen Wässern (nach Haase).

Es ist bemerkenswert, daß diese Korrosionsschutzmaßnahmen vom angreifenden Mittel ausgehen und nicht vom korrodierenden Material. Jedenfalls gelten hier ganz besonders die Ausführungen des Abschnittes I, 4, da es bisher nur unvollkommen gelungen ist, sich über die maßgebenden Umstände bei der Warmwasserkorrosion volle Klarheit zu verschaffen. Zweifellos ist der Sauerstoff auch hier der angreifende Stoff, den man entweder entfernen oder durch

[10]) Haase, Werkstoffe und Korrosion, 2, 81 (1955).

Schutzschichtbildung von der Oberfläche fernhalten muß. In Dampfheizungssystemen wurde CO_2 allein oder zusammen mit O_2, der in den Kondensaten gelöst ist, in den meisten Fällen als Korrosionsursache in Eisenleitungen ermittelt.

Mehrere Anordnungen zur Untersuchung der Korrosion durch bewegtes Warmwasser beschreibt Haase. Die Apparaturen erinnern an eine Warmwasserzentralheizung. Man leitet in das Doppelmantelrohr Dampf, der sich am inneren Rohr, durch welches die Pufferflüssigkeit fließt, kondensiert, und fortlaufend in den Dampfentwickler zurückgelangt. Das erwärmte Wasser steigt nach oben und bringt das übrige Wasser in kreisende Bewegung. Es findet hierbei ein geschlossener Wasserkreislauf statt, in den die zu prüfenden Rohrstücke in beliebiger Zahl eingeschaltet werden können. Die Wasserbewegung beträgt etwa 7—10 Liter pro Stunde, was den praktischen Verhältnissen entspricht. Die im Abschnitt II, B, 3 abgebildeten Apparaturen können ebenfalls für Warmwasserkorrosionsmessungen Verwendung finden.

Für die Untersuchung in der Praxis ist der Einbau leicht entfernbarer Rohrstücke (Kontrollstücke) wichtig.

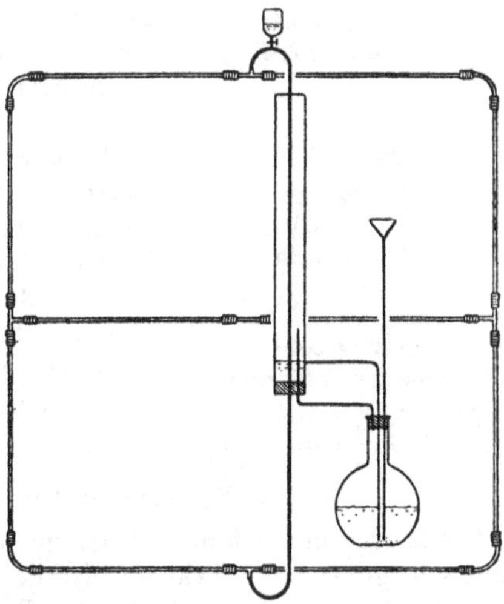

Abb. 16. Werkstoffprüfung mit umlaufendem warmen Wasser.

b) Kochversuch

Zur Messung und Beurteilung der Beständigkeit von Werkstoffen für die chemische Technik wurde eine Anordnung entwickelt, die einen Kochversuch vorschreibt (Abb. 17).

Für die praktische Verwendbarkeit der Metalle kann dieser Kochversuch nur einen ersten Anhaltspunkt geben. Ein wesentliches Ziel eines solchen genormten Kochversuchs ist darin zu erblicken, daß zwischen Hersteller und Verbraucher auf Grund derartiger einheitlicher Versuche Meinungsverschiedenheiten über das Korrosionsverhalten auf Grund eindeutig definierter Korrosionsmessungen ausgeglichen werden können. Die Versuchsdauer ist der Stärke des Angriffs anzupassen und soll, falls das Metall einen höheren Angriffswert als 0,3 mm/Jahr zeigt, nicht kürzer sein als 7 Tage. Bei geringeren Angriffswerten wird eine wesentlich längere Versuchsdauer vorgeschrieben. Nach Beendigung des Versuchs wird der Gewichtsverlust festgestellt und dient als Maß für die Korrosion. Korrosionsversuche für Forschungszwecke können natürlich nicht immer im engen Rahmen einer genormten Vorschrift bleiben, doch kann auch hier zwecks besserer Vergleichs- und Auswertungsmöglichkeit die Anwendung genormter Verfahren von Nutzen sein.

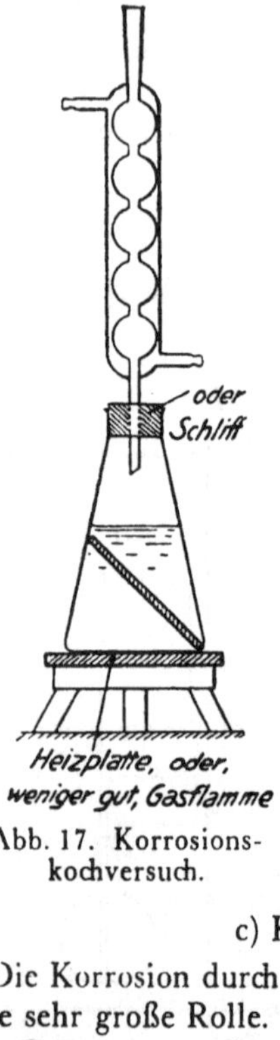

Abb. 17. Korrosionskochversuch.

c) Korrosion in heißen Gasen

Die Korrosion durch heiße Gase spielt bei der Metallverarbeitung eine sehr große Rolle. Erhitzte Metalle haben ein starkes Bestreben, mit Gasen zu reagieren. So kann z. B. Eisen durch Sauerstoff und Wasserstoff unter Bildung von Kohlensäure und Methan entkohlt werden: $Fe_3C + O_2 = 3Fe + CO_2$ und $Fe_3C + 2H_2 = 3Fe + CH_4$. Diese beiden Gleichungen können aber auch entgegengesetzt verlaufen. In diesem Fall nimmt das Eisen Kohlenstoff auf.

Jedem Metallfachmann ist das Zundern des Eisens bei hoher Temperatur bekannt, wodurch das Eisen an der Oberfläche durch Sauerstoff zu den unerwünschten Zunderschichten oxydiert wird. Beispiele für den starken Einfluß des Metalles auf die Zunderbildung enthalten die folgenden Tabellen 5 und 6.

Tabelle 5

Zunderung von Chromeisenguß. 100 h bei 900° mit 150 l/h Luft (nach Werner)

Probe	% Cr	% Mo	Tage/mm	mm/Jahr
S 18 1 }	28,95	0,65	33	10,9
S 18 2 }			21	17,1
G 1 }	33,8	2,66	615	0,58
G 2 }			612	0,59

Tabelle 6

Zunderung von Kupferlegierungen. 120 h bei 900°. 150 l/h Luft

	Tage/mm	mm/Jahr
Kupfer	4,5	81
Cu/Mn 98/2	3,8	96,25
Cu/Al 90/10	1450	0,25
NK	2000	0,18

Die in den Tabellen 5 und 6 wiedergegebenen Werte sind durch besondere Zunderungsversuche ermittelt. Man sieht an den Ergebnissen, daß scheinbar geringfügige Änderungen in der Materialzusammensetzung den Angriff um das 30fache und mehr verändern können. Solche Versuche haben daher eine große praktische Bedeutung.

C. Die verschiedenen Korrosionsmessungen

1. Beobachtung der Korrosion mit dem Auge

a) Ohne Verschärfung der Korrosion

Die Beobachtung des korrodierenden Metalls mit dem Auge ist die sinnfälligste, einfachste und daher auch eine jedermann bekannte Korrosionsmessung. Im Gegensatz zu den im nächsten Abschnitt beschriebenen chemischen Prüfungen, durch welche quantitativ die Menge an korrodiertem Metall gemessen wird, handelt es sich bei der einfachen Beobachtung zunächst um eine qualitative Feststellung, ob das Metall korrodiert oder nicht. Das Auge ist allerdings auch in der Lage, manche Besonderheiten der Korrosion zu erfassen, welche durch sonstige Methoden nicht ermittelt werden können. So kann man z. B. bei einer Ätzflächenkorrosion, die an Aufbewahrungsgefäßen für Mischsäure auftritt, mit großer Schärfe erkennen, daß der Werkstoff unbrauchbar ist.

Ganz allgemein läßt sich eine Korrosion an bevorzugten Stellen in Form von Lochfraß oder interkristalliner Korrosion meist schon mit dem Auge erkennen, wobei man sich oft zur Verschärfung der Beobachtung eines Mikroskopes bedient.

Eine Sichtbarmachung der anodischen und kathodischen Stellen der korrodierenden Lokalelemente (Abb. 1) gelingt durch den sogenannten Ferroxylindikator, der aus einer Mischung von Phenolphtalein und Kaliumferricyanid besteht (B. 1. S. 173). An den anodischen Stellen entsteht Blaufärbung infolge von Thurnbullsblaubildung durch die Reaktion der anodisch gelösten Fe-II-Ionen mit dem Kaliumferricyanid. An den Kathoden färbt sich durch die alkalische Reaktion das Phenolphtalein rot.

Weiterhin werden zur Bestimmung der Korrodierbarkeit metallischer Oberflächen wäßrige oder organische Jodlösungen benutzt.

Von sonstigen für Korrosionsanzeige vorgeschlagenen Indikatoren sei noch ein Universalindikator erwähnt, der aus einer Mischung der Indikatoren Kresolphthalein, Methylrot, Bromthymolblau, Naphtholphthalein, Metylorange und Phenolphthalein besteht. Dieser Mischindikator schlägt zwischen pH 3 und 11 mit einer Farbfolge rot-orange-gelb-grün-grünblau-violett um und wird mit einem Angriffsmittel, das aus einer 1%igen Kochsalzlösung mit 10% Gelatinezusatz besteht, auf die zu untersuchenden Metallflächen aufgebracht. Die entstehenden Farben dienen dann zur Beurteilung von Korrosionsverschiedenheiten.

b) Mit Verschärfung der Korrosion

Wenn man gleichzeitig mit einem der beschriebenen Indikatoren ein korrodierendes Mittel hinzufügt, so erhält man eine schnelle und deutlich erkennbare verschärfte Korrosionsbeobachtung. Für die Beurteilung der Güte von metallischen Überzügen sowie Phosphatschichten auf verschiedenen Grundmetallen gibt es eine Reihe von Lösungen, die auf den Überzug aufgebracht werden und die Poren im Überzug erkennen lassen.

Für die Erkennung der interkristallinen Korrosion von nichtrostendem Stahl benutzt man saures Kupfersulfat. Dadurch wird der interkristalline Zerfall verstärkt, so daß das Metall nach einem Erhitzen in dem gefährlichen Temperaturgebiet zu Pulver zerfallen kann (E. S. 474). Die Ursache des Kornzerfalls besteht in einer Ausscheidung von Chromkarbid an den Korngrenzen, was zu einer lokalen Verarmung des Eisens an Chrom und damit zu einer bevorzugten Angriffsmöglichkeit führt.

Einige Stücke von $^{18}/_{8}$ Chromnickelstahlfolien wurden mit Scheren ausgeschnitten, 2 Stunden bei 700° erhitzt und hierauf 170 Stunden in saure Kupfersulfatlösung gebracht. Der Hauptteil der Folien zerfiel in Pulver, jedoch blieben die mit der Schere geschnittenen Kanten (die Schnittspannungen aufgenommen hatten) unbeschädigt. Für die Messung der Spannungskorrosion hat sich die sog. Schlaufenprobe bewährt (I, 3 c, S. 12).

Die Feststellung der interkristallinen Korrosion von Messing gelingt durch eine Quecksilbernitratlösung, welche 1 % freie Salpetersäure enthält. Man kann auf diese Weise sofort erkennen, ob Messing innere Spannungen besitzt (welche durch Kaltbearbeitung entstehen und sich leicht durch einstündiges Glühen bei 275° beseitigen lassen (E. S. 505). Die Wirkung der Quecksilbersalze ist so stark, daß ein kalt bearbeitetes Stück Messing, wenn es mit einer Lösung dieses Salzes in Berührung kommt, rasch zerfällt, ein Vorgang, der oftmals von einem lauten Knall begleitet wird (E. S. 506).

c) Korrosionsfeststellung durch Metallschliffe

Eine der bekanntesten Untersuchungsmethoden der Metallographie geht von Metallschliffen aus, deren Herstellung, Beobachtung und Auswertung im Grunde nichts anderes ist als eine durch besondere Maßnahmen verschärfte Messung der Korrosion mit dem Auge. Die Herstellung der Metallschliffe erfolgt entweder durch Schleifen mit der Hand oder durch besondere Schleifmaschinen.

In den meisten Fällen wird zur Freilegung des Gefüges die Ätzung des Schliffs herangezogen. Da die verschiedenen Strukturbestandteile durch Ätzmittel verschieden stark angegriffen und die auffallenden Lichtstrahlen je nach Lage des Kristalls verschieden reflektiert werden, erhält man charakteristische Ätzbilder, welche sowohl die Gefügebestandteile und deren Korngröße als auch die Einzelheiten der Herstellung, Verarbeitung, Verformung sowie Fehler der Metalle erkennen lassen.

Im allgemeinen wird man die Schliffe nach verschieden langen Ätzzeiten betrachten und unter Umständen auch das Ätzmittel noch verdünnen oder verstärken, je nachdem das Gefüge besser hervortritt oder nicht.

2. Chemische Korrosionsmessungen

Die chemischen Korrosionsmessungen besitzen zum Unterschied von den im vorhergehenden Abschnitt beschriebenen rein qualitativen Beobachtungen der Korrosion mit dem Auge einen quantitativen Charakter. Der Metallverlust wird hierbei entweder direkt durch Wägung ermittelt oder indirekt durch Feststellung der gelösten Metallsalze oder der entwickelten Gasmengen gemessen. Die direkte Wägung wird vielfach als Standardmethode der Korrosionsmessung bezeichnet.

a) Messung der Korrosion durch direkte Wägung des Metalles vor und nach dem Angriff

Die durch Korrosion verlorengegangene Metallmenge hängt außer von der Korrosionsdauer von der Größe der korrodierenden Metalloberfläche ab. Man muß daher die Korrosion auf eine bestimmte Zeit und eine bestimmte Oberfläche beziehen. Die hiermit verbundenen Möglichkeiten in der Auswahl der Korrosionsmaßeinheit sind sehr groß. So kann man das Gewicht in mg, g und kg, die Oberfläche in cm^2, dm^2 oder m^2 und die Zeit in Minuten, Stunden, Tagen usw. angeben. Nimmt man noch die verschiedenen Maße der Dickenabnahme und Zeitdauer der Abtragung, ferner die in amerikanischen Arbeiten vielfach üblichen Angaben verbrauchten Sauerstoffs und auch noch die durch das englische Maßsystem (Zoll, Quadratfuß) bedingten Verschiedenheiten hinzu, so ergibt sich eine Vielheit an Korrosionsmaßen, welche einen Überblick über das Schrifttum und eine einheitliche Auswertung von Korrosionsmessungen stark erschwert.

Um diesen Mißstand zu beseitigen, wurde 1935 auf Anregung von Herrn Dr. H. Bretschneider (Dechema) vom Verfasser der Vorschlag gemacht, als einheitliche Maßeinheit für den Gewichtsverlust bei Korrosionsmessungen die Größe g/m² Tag festzulegen. Auf Grund dieser Vorschläge entstand bereits 1937 das hier wiedergegebene deutsche Normblatt DIN 4851, in welchem als analytische Maßeinheit der Gewichtsänderung die vorgeschlagene Größe g/m² Tag und als konstruktive Maßeinheit die Dickenabnahme in mm pro Jahr festgelegt wurde. Wie man sieht, enthält das Normblatt gleichzeitig eine kurzgefaßte Übersicht der wichtigsten bei der Korrosionsmessung zu beachtenden Umstände, die ausführlicher in dem Normblatt DIN 4850 zusammengestellt sind.

Eine wichtige Fehlermöglichkeit bei der Korrosionsmessung durch Wägung ist die Entstehung festhaftender Rostschichten, bei deren gewaltsamer Entfernung die Gefahr besteht, daß Teile der Metalloberfläche mit abgerissen werden. Zur Entfernung derartiger Korrosionsprodukte werden im deutschen Normblatt 4850 folgende Mittel empfohlen:

für Aluminium .... 5%ige, kalte Salpetersäure,
für Eisen und Stahl .... kathodische Behandlung in 8%iger Natronlauge,
für Zink und Blei .... konz. Ammoniumacetatlösung,
Für Kupfer und Messing .... 5%ige Schwefelsäure.

Zum Vergleich ist beim Ablösen der Korrosionsprodukte ein Blindversuch mit einer unkorrodierten Probe des gleichen Werkstoffes auszuführen, um die Gewähr zu haben, daß nicht das Metall selbst angegriffen wird.

Wenn bei der Korrosion die gesamte korrodierende Metallmenge als Deckschicht an der Oberfläche haften bleibt, kann anstatt der Gewichtsabnahme die Gewichtszunahme als Korrosionsmaß dienen. Dieser Fall kann z. B. bei der atmosphärischen Korrosion eintreten. Beim Blei entstehen festhaftende Schichten, zu deren Kennzeichnung vorgeschlagen wird, das Verhältnis der festhaftenden Schutzschichten zu dem gesamten Metallverlust festzustellen.

b) Messung der gelösten Metallmenge

Wenn es sich um einen sehr geringen Metallangriff handelt, kann die Messung der Korrosion durch Gewichtsverlust des korrodieren-

DK 620.19 **Deutsche Normen** Oktober 1937

Korrosion

Maßeinheit für Gewichts- und Dickenabnahme bei Metallen

DIN 4851

Maßeinheit

Unterschieden wird zwischen a n a l y t i s c h e r und k o n s t r u k t i v e r Maßeinheit. Beide Einheiten liefern nur dann eine ausreichende Kennzeichnung für die Angriffsbeständigkeit, wenn der zeitliche Verlauf der Korrosion erfaßt wird.

A. Analytische Maßeinheit $\frac{g}{m^2\,Tag}$

1. Die analytische Maßeinheit ist der Gewichtsverlust, den ein Metall in Gramm je Quadratmeter und Tag $\left(\frac{g}{m^2\,Tag}\right)$ erleidet.
   Kurzzeichen für analytische Maßeinheit (Gewichtsverlust): G_{korr}.
2. Der Verlust bezieht sich auf die geometrische Oberfläche.
3. Der in $\frac{g}{m^2\,Tag}$ angegebene Gewichtsverlust setzt einen gleichmäßigen Angriff voraus.
4. Der Gewichtsverlust soll nichts aussagen über eine durch Korrosion hervorgerufene Veränderung der physikalischen, insbesondere mechanischen Eigenschaften, wie z. B. Festigkeitsabnahme[1])

B. Konstruktive Maßeinheit $\frac{mm}{Jahr}$

1. Die konstruktive Maßeinheit ist die Dickenabnahme in $\frac{mm}{Jahr}$. Kurzzeichen für die konstruktive Maßeinheit (Dickenabnahme): v_{korr}
2. Die konstruktive Maßeinheit wird von der analytischen Maßeinheit durch folgende Rechnung abgeleitet:

$$\text{Dickenabnahme } v_{korr} = \frac{g}{m^2\,Tag} \cdot \frac{365}{1000 \cdot \text{Raumgewicht}^{2)}}$$

3. Die im mm/Jahr angegebene Dickenabnahme setzt einen gleichmäßigen Angriff voraus.
4. Aus der angegebenen Dickenabnahme können keine Schlüsse auf die durch die Korrosion hervorgerufenen Veränderungen der physikalischen, insbesondere mechanischen Eigenschaften, wie z. B. Festigkeitsabnahme, gezogen werden.

[1]) Für die Beurteilung der Änderung der physikalischen und insbesondere mechanischen Eigenschaften infolge Korrosion sind besondere Normen in Aussicht genommen.

[2]) Das Raumgewicht ist gleich dem spezifischen Gewicht, sofern der angegriffene Stoff frei von Einschlüssen und Hohlräumen ist.

Allgemeine Richtlinien für Korrosionsangaben

Die aus dem Gewichtsverlust oder der Dickenabnahme zu folgernden Schlüsse genügen bei der Auswertung von Korrosionsversuchen meistens nicht. Daneben sollen die wichtigsten Einflüsse, die bei dem Korrosionsversuch eine Rolle gespielt haben, mit erörtert werden. Ausführliche Angaben darüber siehe DIN 4850. Folgende Punkte sind besonders zu beachten:

1. ***Vergleichsversuche.*** *Jeder Korrosionsversuch soll mehrfach ausgeführt und nach Möglichkeit durch einen Vergleichsversuch mit einer Probe genau bekannter und festgelegter Eigenschaften ergänzt werden.*
2. ***Zeitlicher Verlauf.*** *Der zeitliche Verlauf der Korrosion muß eindeutig bestimmbar sein. Aufstellung von Korrosions-Zeitkurven (horizontale Achse = Zeitachse).*
3. ***Anzahl der Proben*** *ist so zu bemessen, daß für jeden Versuch ein Mittelwert festgelegt werden kann.*
4. ***Versuchsbedingungen.*** *Größe, Form und Anbringung der Versuchsproben, Form und Aufstellung der Gefäße, Entfernung von der Flüssigkeitsoberfläche, Menge der angreifenden Flüssigkeit.*
5. ***Anzugreifender Werkstoff.*** *Vorgeschichte, Vorbehandlung (mechanisch, thermisch oder chemisch), chemische Zusammensetzung, Gefügeaufbau und Oberflächenbeschaffenheit, Art der Herstellung.*
6. ***Angreifendes Mittel.*** *Ursprung, Zusammensetzung, p_H-Wert, Sauerstoff- und Kohlensäuregehalt, Temperatur, Bewegungszustand, Ergänzung und Erneuerung des angreifenden Mittels.*
7. ***Feststellung der Versuchsergebnisse:*** *Veränderungen des Gewichtes, der Oberfläche (Aussehen der angegriffenen Proben, gleichmäßiger Flächenangriff oder Lochfraß), des Gefüges (interkristalline und selektive Korrosion) und der mechanischen Eigenschaften, Art, Beschaffenheit und Beseitigung der Korrosionsprodukte, Veränderungen des angreifenden Mittels*

Fachnormenausschuß Korrosionsfragen im Deutschen Normenausschuß den Metalls zu ungenau werden. In diesem Fall läßt sich die Meßgenauigkeit erheblich steigern, wenn man die in Lösung gegangene Metallmenge feststellt. Die so erreichte Empfindlichkeitssteigerung ist sehr groß, da man 0,01 mg Fe/Liter noch genau bestimmen kann und die Grenze der analytischen Wägung bereits bei etwa 0,1 mg liegt. Bezieht man nun noch die gelöste Menge auf 100 ccm, so kann man noch $^1/_{1000}$ mg gelöstes Eisen bestimmen, das ist eine 100mal so große Empfindlichkeit wie bei der Wägung des Gewichtsverlustes mit der analytischen Waage. Diese Tatsache hat der Verfasser dazu benutzt, die Korrosion des Eisens in den ersten Sekunden und Minuten zu messen, wobei sich überraschend hohe Werte (mehrere 100 g/m^2 Tag) ergaben (K. S. 144).

Bei diesen Messungen ist es von entscheidender Bedeutung, daß die neuste Entwicklung der photoelektrischen Meßtechnik die Möglichkeit bietet, kolorimetrisch auch die geringsten Metallspuren mit größter Einfachheit und Schnelligkeit zu messen. Es ist daher zu erwarten, daß für die technische Korrosionsmessung in Zukunft diese Methode eine große Bedeutung gewinnen wird. Für die kolorimetrische Bestimmung fast aller gelösten Metallsalze sind heute gut ausgearbeitete Methoden vorhanden.

Die Messung des gelösten Eisens in fließendem kalten und warmen Wasser, welches sich in Berührung mit eisernen Rohren oder sonstigen Eisenteilen befindet, findet zur Korrosionsmessung ausgedehnte Verwendung. Man stellt auf diese Weise z. B. fest, wie im Trink- und Gebrauchswasser sich die Zusammensetzung des Wassers (Härte, pH, aggressive Kohlensäure) und die Wasserbehandlung (Belüftung, Reinigung) auf die angreifenden Eigenschaften auswirkt. Die überaus einfache und genaue photoelektrische Messung eröffnet gerade auf diesem Gebiet für die praktische Kontrolle neue Möglichkeiten. So besteht keine Schwierigkeit, durch registrierende Stromanzeige eine automatische und laufende Überwachung von Metallsalzgehalten und damit auch der Korrosion auszuführen.

c) Messung der entwickelten oder verbrauchten Gasmenge

Die Messung des bei der Metallauflösung entwickelten Wasserstoffs ist jedenfalls als die älteste quantitative Korrosionsmessung anzusehen. Vor allem die Auflösung des Zinks in Säuren ist seit über 100 Jahren immer wieder gemessen worden und bildet eine Grundlage der elektrochemischen Auffassung der Korrosion. Die entwickelte Wasserstoffmenge wird nach dem Eudiometerprinzip in einem Gefäß aufgefangen, welches meist eine Skala in cm^3 besitzt

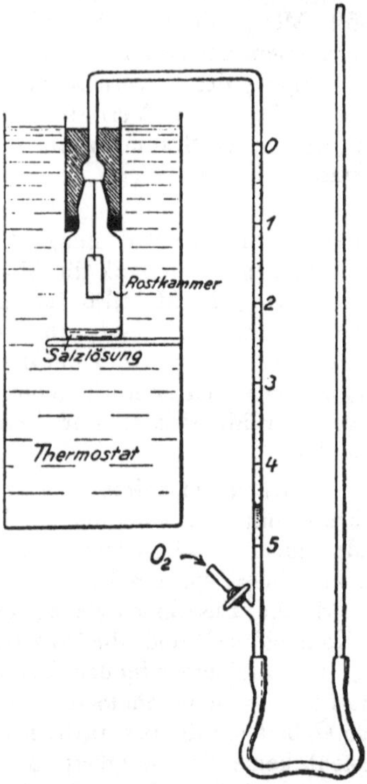

Abb. 18. Anordnung für die Messung der Rostungsgeschwindigkeit (K. S. 970).

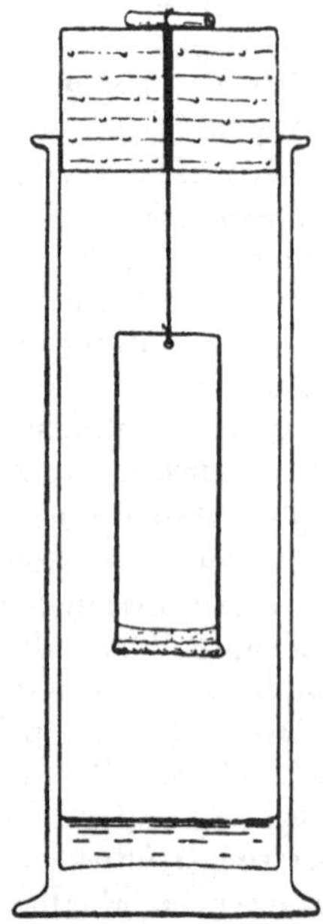

Abb. 19. Einfache Anordnung für den Vergleich von Korrosionsgeschwindigkeiten.

und so eine direkte Ablesung ermöglicht. Obwohl diese Methode für die wissenschaftliche Erfassung der Korrosion wichtig und grundlegend gewesen ist, spielt sie für die technische Korrosionsmessung nur eine untergeordnete Rolle, weil die Korrosion unedler Metalle in Säure für die Praxis keine große Bedeutung besitzt.

Eine Apparatur zur Messung des verbrauchten Sauerstoffs zeigt die Abb. 18 (K. S. 970). Als angreifende Lösungen dienten destilliertes Wasser, eine 0,5 normale im Gehalt dem Meerwasser entsprechende Kochsalzlösung sowie eine 5,5 normale Chlorcalciumlösung von maximaler elektrischer Leitfähigkeit. Im Vergleich mit reinem Wasser wird die Rostungsgeschwindigkeit durch die Kochsalzlösung auf das zehnfache und durch die Chlorcalciumlösung auf das 60fache beschleunigt. Eine gegenüber der Abb. 18 vereinfachte Methode ist in der Abb. 19 dargestellt. Die Probestücke werden mit 5,5 normaler (maximalleitender) Chlorcalciumlösung befeuchtet, in einem Glas über einigen cm^3 derselben Chlorcalciumlösung an einem mit Luftlöchern versehenen Stopfen aufgehängt und sich selbst überlassen. Man beobachtet, wie das Rosten von Tag zu Tag fortschreitet und kann schon nach verhältnismäßig kurzer Zeit bei an sich sehr langsam rostenden Werkstoffen brauchbare Ergebnisse erhalten.

3. Mechanische Korrosionsprüfungen, bei denen eine mechanische Einwirkung nach erfolgter Korrosion vorgenommen wird

Die mechanischen Korrosionsprüfungen sind eine unentbehrliche Ergänzung der chemischen Korrosionsmessung. Bei jeder Korrosion, die nicht gleichmäßig über die Oberfläche verteilt ist, wie beim Lochfraß und der interkristallinen Korrosion, muß die chemische Prüfung versagen, da es nicht auf die Menge des korrodierten Metalls ankommt. Es können bei der auf enge Bezirke beschränkten Korrosion schon verhältnismäßig geringe Angriffe das Metall infolge von Durchlöcherung oder von Lockerung des Gefüges unbrauchbar machen. Diese Einflüsse kann man nur durch mechanische Prüfungen messen. Hierher gehört die Messung der Zug- und Druckfestigkeit, der Dehnung, der Härte sowie der Kerbschlagfestigkeit und der Biegefestigkeit. Man kann durch eine Kennziffer den gleichmäßigen und ungleichmäßigen Angriff miteinander in Beziehung bringen, indem man den prozentischen Festigkeitsverlust durch den prozentischen Gewichtsverlust dividiert. Wenn die korrodierte Schicht gleichförmig ist, ist diese Kennziffer gleich 1, in Fällen lokalisierter Korrosion kann sie 40 oder noch größer sein.

a) Messung der Festigkeit und Dehnung

Auf den zu prüfenden Körper werden bei der Dehnung Kräfte ausgeübt, welche die Gitterpunkte voneinander zu entfernen suchen. Infolge der bei Metallen besonders großen Gitterkräfte sind die Dehnungswerte zunächst sehr klein. Die Ausdehnung des Körpers wächst proportional der angewandten Kraft, solange man sich im Gebiet der elastischen Verformung befindet. Dieses Gebiet ist dadurch gekennzeichnet, daß nach Aufhören der Zugkraft der Körper wieder in seine Anfangslage zurückkehrt, er ist also elastisch. Erhöht man nun den Zug immer weiter, so gelingt es schließlich, die Gitterkräfte, welche den Zusammenhalt des festen Aggregatzustandes bewirken, zu überwinden. Es treten dann Erscheinungen ein, die in der Abb. 20 schematisch dargestellt sind.

Auf der Ordinate ist hierbei die Zugbelastung und auf der Abszisse die Dehnung, d. h. die Verlängerung in Richtung der wirkenden Kraft, aufgetragen. Man sieht, wie zunächst eine mit steigender Zugbelastung gleichmäßig ansteigende Verlängerung eintritt. Bei noch

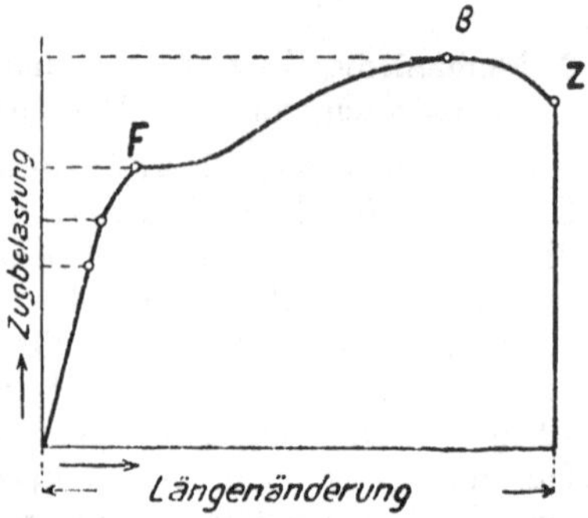

Abb. 20. Zugfestigkeits-Dehnungsschaubild (schematisch) (R. S. 124)

stärkerer Beanspruchung bis zur Überwindung der Gitterkräfte dehnt sich C-armer Stahl zunächst ohne weitere Belastung und später durch geringe Belastung sehr stark aus. Die Fließgrenze (Punkt F in Abb. 20) oder Streckgrenze ist jetzt erreicht. Man gelangt dann zu dem Punkt B, bei welchem sich der Prüfkörper einschnürt, um dann bei Z ganz zu zerreißen. Als Maß für die Zugspannung dient nun entweder die bis zur Fließgrenze bzw. zur Einschnürung oder auch zum Zerreißen aufzuwendende Kraft in kg/mm², die sogenannte Zugfestigkeit. Der Zusammenhang zwischen Spannung und Dehnung bei verschiedenen Metallen ist in der Abb. 21 enthalten.

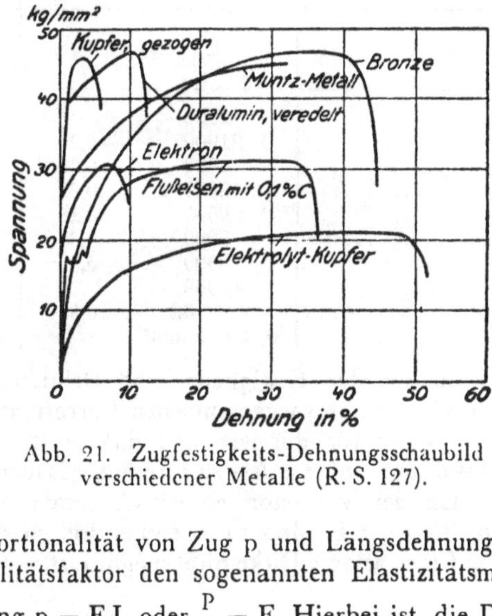

Abb. 21. Zugfestigkeits-Dehnungsschaubild verschiedener Metalle (R. S. 127).

Die Proportionalität von Zug p und Längsdehnung L ergibt als Proportionalitätsfaktor den sogenannten Elastizitätsmodul E nach der Gleichung $p = E\,L$ oder $\frac{p}{L} = E$. Hierbei ist die Dehnung oder Verlängerung L definiert als $\frac{\text{Verlängerung}}{\text{ursprüngliche Länge}}$. Der Elastizitätsmodul ist also diejenige Kraft, die nötig wäre, um den Stoff auf das Doppelte seiner Länge durch Zug auszudehnen. Denn wenn $p = E$ ist, muß L gleich eins sein. Die folgende Tabelle 7 enthält den Elastizitätsmodul sowie die Zugfestigkeit der wichtigsten Metalle und zum Vergleich die entsprechenden Angaben einiger anderer Werkstoffe.

Von Bedeutung für die Ausführung des Zugversuchs ist die Form, in der das Metall dem Zerreißversuch unterworfen wird. Man hat daher durch das deutsche Normblatt DIN 50 109 die genauen Abmessungen für die Probestäbe sowie außerdem für die Bestimmung der Bruchdehnung ein besonderes Meßverfahren vorgeschrieben, bei welchem die für das Meßergebnis wichtige Lage der Bruchstelle berücksichtigt wird.

Tabelle 7

Elastizitätsmodul E; Verhältnis der Querkontraktion zur Längsdilatation μ

	E	μ	Zugfestigkeit
Iridium	52500		
Stahl	21000	0,26	70
Eisen	19000	0,23	60
Kupfer	12000	0,33	40
Messing	9000	0,25	60
Zink	9000	0,33	13
Glas	6500	0,3	5
Holz, Hanfseil	900		4
Kautschuk	0,1	0,3	0,1
	kg auf 1 mm²		kg auf 1 mm²

Es ist möglich, aus den Festigkeits- und Dehnungsergebnissen eines an Blech oder Draht vorgenommenen Korrosionsversuchs die entsprechenden Werte für dünnere und dickere Bleche aus dem gleichen Werkstoff auf einfache Art zu berechnen. Dabei ist natürlich vorausgesetzt, daß der Werkstoff einheitlich zusammengesetzt ist. Walzplattierte Bleche z. B. sind nicht einheitlich, so daß hier die Übertragung auf eine andere Dicke nicht möglich ist.

b) Messung der Druckfestigkeit

Der Druckversuch wird besonders bei spröden Metallen benutzt und unterscheidet sich vom Zugversuch durch die entgegengesetzte Richtung der angreifenden Kraft. Der Prüfkörper wird zusammengedrückt, wobei die sogenannte Quetschgrenze durch eine bleibende Zusammendrückung von 0,2 % entsprechend der Dehnung beim Zugversuch gekennzeichnet ist. Anstatt der beim Zugversuch auftretenden Einschnürung tritt eine Ausbauchung auf.

c) Messung der Widerstandsfähigkeit gegen stoßweise Beanspruchung (Schlag- oder Stoßfestigkeit, Kerbschlagbiegeprobe)

Im Gegensatz zu der Messung der Zug- und Druckfestigkeit, bei der das Metall eine allmählich eintretende Veränderung erleidet, handelt es sich bei der stoßweisen Beanspruchung um eine sehr schnell im Bruchteil einer Sekunde stattfindende Zerstörung, welche infolgedessen viel gefährlicher ist. Zug- und Druckfestigkeit werden statisch gemessen, die Stoßfestigkeit dagegen dynamisch. Ein dritter Unterschied besteht noch in der Maßeinheit, welche bei den statischen Methoden die Kraft in kg/mm² angibt. Bei Stoß dagegen wird die Einwirkung durch die geleistete Arbeit in mkg/cm² Fläche gemessen.

Die Prüfung auf Stoßfestigkeit wird in der Weise vorgenommen, daß man Stoßkörper von bekanntem Gewicht aus einer gewissen Höhe auf das zu prüfende Metall fallen läßt. Man muß dabei diejenigen Versuchsbedingungen ermitteln, unter denen der Bruch gerade eben eintritt. Die zur Entstehung des Bruches gerade ausreichende Energie ist dann das Produkt aus dem Gewicht und der Fallhöhe des Stoßkörpers.

Bei besonders zähen Körpern wendet man die sogenannte Kerbschlagbiegeprobe an. Durch eine vorher angebrachte Einkerbung wird der Bruch erleichtert. Die Durchführung geschieht z. B. mit einem sogenannten Pendelhammer. Ähnlich wie bei der Stoßfestigkeit ergibt sich die zum Bruch nötige Energie aus dem Gewicht des Pendelhammers, seiner Fallhöhe und der Steighöhe, welche der Hammer erreicht, nachdem das Prüfmaterial durchschlagen wurde.

Abgesehen von einigen austenitischen Stählen sollen Werkstoffe mit niedrigeren Kerbschlagwerten eine stärkere Korrosion zeigen. Die Kerbschlagbiegeprobe (eine der am meisten umstrittenen Methoden der Materialprüfung) kann zur Erkennung einer schlechten Behandlung von Stahl geeignet sein.

d) Härteprüfung

Man unterscheidet bei der Härte die Eindringungsverfahren und die Ritzverfahren. Zu den Eindringungsverfahren gehört die im Normblatt DIN 50 351 einheitlich vorgeschriebene Brinellsche Kugelprobe. Bei dieser Probe wird eine gehärtete Stahlkugel durch einen meßbaren, stoßfrei wirkenden Druck in die Oberfläche des zu prüfenden Materials eingetrieben und der größte Durchmesser des Eindruckes gemessen. Dividiert man alsdann die angewandte Druckkraft in Kilogramm durch die Fläche in Quadratmillimetern der gebildeten sphärischen Vertiefung, so erhält man die „Brinellhärte".

Während die Brinellprobe mit einer hohen Belastung (1000 bzw. 3000 g) ausgeführt wird und daher den Werkstoff mehr als Ganzes erfaßt, sind bei der Prüfung von Oberflächenschichten und dünnen Überzügen andere Verfahren (Rockwell- u. Vickershärte) sowie besondere Mikrohärteprüfer gebräuchlich.

Das Ritzverfahren kann so ausgeführt werden, daß man den Prüfkörper mit mehreren Substanzen von bekannter Härte ritzt (Voßsche Härteskala). Diese Methode hat mehr einen qualitativen Charakter. Ein mehr quantitatives Verfahren besteht darin, daß man den Druck mißt, der für einen Riß von bestimmter Breite erforderlich ist. Die Ritzhärte läßt sich ebenso wie die Druckhärte in kg/mm^2 ausdrücken, wenn man die Belastung auf die Gleitfläche bezieht.

Der Zusammenhang zwischen Härte und Korrosion ist dadurch gegeben, daß die zur Härtung dienenden Maßnahmen die Korrosion stark beeinflussen können. Die Härtung geschieht beispielsweise durch plötzliches Abschrecken erhitzter Metalloberflächen, wobei das Gefüge sich ändert. Dadurch kann aber sowohl die mechanische Eigenschaft als auch das Korrosionsverhalten in ungünstigem Sinne beeinflußt werden. Man beseitigt deswegen das Härtungsgefüge durch Anlassen und erhält so z. B. einen Stahl mit günstigeren mechanischen Eigenschaften. Daß auch die Korrosion im hohen Maße von der Wärmebehandlung abhängig sein kann, zeigt das Messing, wenn es keine sorgfältige Wärmebehandlung erfahren hat. Es entstehen dann Risse, die durch einen an sich harmlosen chemischen Angriff ausgelöst werden. Eine thermische Nachbehandlung (halbstündiges Glühen bei 280—300°) schafft Abhilfe.

4. Korrosionsprüfung bei gleichzeitiger mechanischer und chemischer Beanspruchung

Ebenso wie eine Korngrenzen- oder interkristalline Korrosion zu einer bemerkenswert starken Verschlechterung der mechanischen Eigenschaften Anlaß gibt, kann andererseits eine zunächst rein mechanische Störung zu einer Korngrenzenkorrosion Anlaß geben. Aus diesem Grund ist ja auch eine teilweise Einbeziehung der rein mechanischen Materialprüfung unentbehrlich, wenn man sich mit der Korrosionsmessung befaßt, obwohl die Korrosionsmessung sich mit chemischen Vorgängen beschäftigt. Ebenso wie die interkristalline Korrosion ist die unter mechanischer Beanspruchung verlaufende Korrosion besonders gefährlich.

a) Messung der Korrosionsermüdung

Wenn ein Metall einer dauernden Beanspruchung unterworfen ist, geht es des öfteren auch dann plötzlich zu Bruch, wenn die einwirkenden Kräfte hierzu an sich nicht ausreichen. Wahrscheinlich tritt allmählich eine Lockerung des Zusammenhaltes ein, und es entstehen feine Risse, die schließlich zum Bruch führen. Besonders unterstützt und verstärkt werden solche Zerstörungen durch eine gleichzeitige Korrosion. Wir haben es dann mit der Korrosionsermüdung zu tun, welche man auch als Korrosionswechselfestigkeit bezeichnet. Die mechanische Beanspruchung kann eine sehr verschiedene sein, so kann das Metall auf Zug, Druck, Schwingung, Biegung usw. beansprucht sein.

Die Bestimmung der Korrosionsermüdung kann so vorgenommen werden, daß man feststellt, bei welcher Beanspruchung ein Bruch gerade nicht mehr eintritt. Bei derartigen Versuchen stellte sich heraus, daß polierte Proben sich besser verhielten als gekerbte und gekerbte wiederum besser als solche, die in Leitungswasser korrodiert waren (B. I. S. 377). Bei einem vergüteten Chromnickelstahl wurde die Wechselfestigkeit von 48 kg/mm^2 während der Vorkorrosion auf 32 kg/mm^2 herabgesetzt. Wenn bei diesem Material die Korrosionswechselfestigkeit bei gleichzeitiger Korrosion und mechanischer Beanspruchung ermittelt wurde, ergab sich ein Wert von 13 kg/mm^2 (s. B., I. S. 380).

5. Elektrische Korrosionsprüfungen

a) Potentialmessungen

Nach der Tabelle 2 Seite 14 ist das elektrische Auflösungsbestreben, die sogenannte Lösungstension der Metalle, gekennzeichnet durch das Potential. Diese Tatsache gehört zu den wichtigsten Grundlagen der Elektrochemie der Metalle und ist der Ausgangspunkt für die elektrochemische Deutung der Metallkorrosion, die bereits vor über 100 Jahren gegeben wurde. Das zugrunde liegende Gesetz ist das Ohmsche Gesetz $E = I \cdot R$ (E = Spannung, I = Stromstärke und R = Widerstand des galvanischen Elementes).

Eine zeitlich sich ausbildende Potentialveredelung zeigt die Entstehung einer edlen und schützenden Deckschicht an. Durch Potentialmessungen wurde auf diese Weise festgestellt, daß jeder Stahl sich allmählich seine Deckschicht erarbeitet. In Borat- und Phosphatpufferlösungen werden die Eisenpotentiale bei pH 3—4 plötzlich um 700 mV edler, während gleichzeitig eine korrosionsschützende Passivierung eintritt. In anderen Pufferlösungen, in denen das Eisen weiterkorrodiert, bleibt das Potential unedel. Der Potentialverlauf von Eisenoberflächen, die durch Dichromat passiviert und durch Chlorid oder Salzsäure wieder aktiviert werden, also korrodieren, liefert ein Maß für die schützende Wirkung des durch das Chromsalz gebildeten Schutzfilmes.

Potential- und Stromstärkemessungen sowie die kombinierten Messungen dieser beiden Größen (Stromdichtepotentialkurven)[11] [12]) sind nicht nur für die Korrosionsforschung von außergewöhnlicher Bedeutung, sondern haben auch in Spezialfällen für Korrosionsprüfungen Anwendung gefunden. Sie werden z. B. mit Erfolg zur Beurteilung der angreifenden Wirkung von Erdbodenarten eingesetzt. Zur Durchführung derartiger Messungen sind spezielle Anordnungen von Elektroden im Erdboden getroffen, um Potentialmessungen, Stromstärkemessungen und auch Polarisationsuntersuchungen in verschiedenen Bodenarten ausführen zu können. Neben der Anwendung spezieller Elektroden werden derartige Messungen auch an Stahl- und Bleirohren durchgeführt (K. S. 952).

Ein Fortschritt in der genauen Bestimmung von Potentialen ist durch den Einsatz von Elektronenröhren erzielt. Hierdurch wird es möglich, selbst minimale Ströme auszuschalten und die Messungen auch bei größeren inneren Widerständen des Elementes ausführen zu können.

b) Stromstärkemessungen

Die im vorigen Abschnitt beschriebene Kennzeichnung der korrosionsschützenden Wirkung durch Potentialveredelung kann auch durch direkte Stromstärkemessungen erfolgen, indem man beispielsweise das zu untersuchende Metall mit Platin zu einem galvanischen Element verbindet. Der Korrosionsschutz bzw. die Metallveredelung wird dann dadurch angezeigt, daß der Korrosionsstrom kleiner und schließlich null wird, wenn der volle Korrosionsschutz eingetreten ist. Auf diese Weise kann man die die Korrosion verursachende Lokalelementwirkung im Modellversuch naturgetreu nachahmen.

---

[11]) W. Schwarz, Metall 10, 19 (1956).
[12]) W. Schwarz, Chemie-Ing.-Technik 6, 423 (1956).

In ruhenden wäßrigen Lösungen, in denen die Sauerstoffkorrosion der maßgebende Faktor ist und die gesamte an die Kathodenoberfläche diffundierende Sauerstoffmenge wirksam wird, ist die Stromdichte ein quantitatives Maß der Korrosion. Sie beträgt an der angegriffenen Oberfläche etwa $1 \cdot 10^{-5}$ A/cm² entsprechend einem Angriff von ungefähr 2 g/(m² · Tag) beim Eisen oder bei einem beliebigen Metall 0,07 Äquivalentgewicht · g/(m² · Tag) (K. S. 947). Die Durchführung der Stromstärkemessungen ist verhältnismäßig einfach. Das zu messende Metall und eine entsprechende Gegenelektrode werden in den jeweiligen Elektrolyten getaucht. Die Elektroden werden über ein Meßinstrument kurzgeschlossen, auf dem dann die Stromstärke im äußeren Stromkreis ohne weiteres abgelesen werden kann.

Die zeitliche Verfolgung der Stromstärkeänderungen in derartigen Modellelementen hat zur Aufklärung von Korrosionsvorgängen beigetragen. Werden z. B. einer schwach angreifenden Lösung Chromsäure oder Chromate zugesetzt, so sinkt die Stromstärke verhältnismäßig schnell durch Schutzschichtbildung auf Null ab. Auch die Entstehung von Phosphatschichten auf Stahl läßt sich durch Stromstärkemessungen zwischen einer Eisen- und Platin-Elektrode in Phosphatierungslösungen verfolgen. In der gleichen Anordnung wurde auch die Kalkschutzschichtbildung in Leitungswasser festgestellt. Bildet sich auf dem Eisen nur eine lockere, amorphe Kalkschicht, so ist die Abnahme der Stromstärke nur gering. Wenn sich die Kalkschicht aber in Form eines die Oberfläche abdichtenden korrosionsschützenden Überzuges abscheidet, so wird die Stromstärke praktisch Null, wenn die Schutzschicht vollständig ausgebildet ist (K. S. 948).

Sind Teile mit einem Anstrich versehen und tauchen diese in eine gut leitende Lösung mit entsprechender Gegenelektrode, so fließt kein Strom, solange der Anstrichfilm dicht ist und er kein Wasser aufgenommen hat. Je undichter und wasserdurchlässiger der Film ist, um so mehr Strom wird fließen. Strom-Zeitkurven in dem System Grundmetall mit Anstrich/Elektrolyt/Gegenelektrode (Platin) geben deshalb einen Einblick in das Verhalten der Anstriche bei Durchfeuchtung. Das Verfahren kann auch in der Weise variiert werden, daß der Anstrich isoliert und auf eine Zellophanschicht zwischen Elektroden aus Eisen und Silber angeordnet wird. Aus dem Vergleich des Verhaltens des Anstrichs unmittelbar auf dem Eisen einerseits und des isolierten Anstrichs andererseits können Folgerungen über die Schutzwirkung gezogen werden, insbesondere, ob die Schutzwirkung auf die Übergangsschicht Eisen/Anstrich zurückzuführen ist. Derartige Messungen sind neuerdings durchgeführt, um den Einfluß der Anstrichdicke und -art sowie der Oberflächenvorbehandlung des Stahls auf das Elektrodenpotential in Abhängigkeit von der Zeit beim Eintauchen in künstliches Seewasser festzustellen, um die Beziehung zwischen Altern und Schutzwirkung zu beobachten, um festzustellen, wieweit Anstriche eine elektrochemische Schutzwirkung ausüben und um die vollkommene Bedeckung eines Metalls durch einen Anstrich nachzuweisen (K. S. 952).

Es besteht dadurch eine theoretisch sehr einfache Beziehung zwischen Korrosion und Stromstärke, daß der Stromfluß, also der Elektronenübergang von korrodierendem Metall in den stromabführenden Leitungsdraht, gleichbedeutend ist mit der Korrosion selbst, d. h. dem Übergang des Metalls in ein positiv geladenes Metallion. Korrosion und Stromfluß sind also mengenmäßig gleich.

c) Sonstige elektrische Methoden (Leitfähigkeit, magnetische Eigenschaften)

Bei einer gleichmäßigen Metallabtragung muß die elektrische Leitfähigkeit mit fortschreitendem Korrosionsangriff gleichmäßig abnehmen. Bei Korrosionsmessungen mit 17 verschiedenen Metallen und Legierungen, die ein Jahr städtischen, ländlichen und maritimen Atmosphären ausgesetzt wurden, dienten die Gewichtsverluste und Leitfähigkeitsänderungen als Maß für die Korrosion (E. S. 153).

ZurVerfolgung des Angriffs von Leuchtgas durch Leitfähigkeitsmessung wurde eine Methode entwickelt, bei welcher Eisendrähte von 10 m Länge und 1 mm Durchmesser verwandt wurden und Widerstandsänderungen von 3×10^{-5} Ohm, entsprechend einer Korrosionstiefe von $0{,}5 \times 10^{-6}$ cm gemessen werden konnten. Die Korrosion ging nach diesen Versuchen sowohl bei Kohlengas als auch bei Stadtgas durch die Reinigung auf etwa ein Drittel zurück.

Die interkristalline Korrosion von Chromnickelstahl kann man als Folge einer Chromverarmung und einer dadurch bedingten Entstehung eines ferromagnetischen Gefüges durch Aufnahme magnetischer Sättigungskurven nachweisen (B. I. S. 459). Für die zerstörungsfreie Prüfung von Eisenwerkstoffen auf Risse wird das Magnetpulververfahren benutzt. Beim Aufschwemmen eines Metallpulver-Ölgemisches auf dem magnetisierten Werkstoff setzt sich an Stellen, die Risse enthalten, das Metallpulver in mehr oder weniger dicken Raupen an. Das zu prüfende Werkstück wird als Teil der Sekundärwicklung eines Hochstromtransformators geschaltet, von Wechselstrom durchflossen und dabei magnetisiert. Die Bedienung solcher tragbaren Risseprüfer ist denkbar einfach.

6. Sonstige Methoden

Messung der Wärmeentwicklung, Lichtreflexion, Materialprüfung durch Röntgenstrahlen usw.

Durch die bei schneller Auflösung in starker Säure auftretende Wärmeentwicklung kann man die Auflösungsgeschwindigkeit messen. Wie große Unterschiede hierbei auftreten können, wenn scheinbar fast gleiche Metalloberflächen geprüft werden, zeigt folgendes Beispiel. Zinkblech, auf 0,6 mm gewalzt und in 10%ige Säure getaucht, verursacht in 15 Minuten einen kaum merkbaren Temperaturanstieg von 11 auf 12°. Bei demselben Blech, das auf 0,3 mm nach einem besonderen Verfahren ausgehämmert war, stieg die Temperatur in der gleichen Zeit auf 30°, also eine 10- bis 20mal so große Auflösungsgeschwindigkeit infolge einer anderen Oberflächenbearbeitung.

Durch die Messung der Lichtreflexion kann man ebenfalls die Korrosion verfolgen. Sowohl durch empfindliche optische Geräte als auch mit bloßem Auge lassen sich Veränderungen der Metalloberfläche durch „Anlaufen" sehr leicht feststellen.

Bei Korrosionsuntersuchungen sind Röntgenaufnahmen der Oberfläche zu ihrer Beurteilung gleichfalls mit Erfolg eingesetzt worden. Neben der Schichtdickenbestimmung von metallischen Überzügen (K. S. 982) werden sie zur Untersuchung von Oxydations- und Diffusionsvorgängen an Metalloberflächen benutzt. Ein besonderes Gebiet ist ferner noch der Nachweis von Oxyden und anderen Reaktionsprodukten auf Metalloberflächen. Auf diese Weise konnte die Beschaffenheit von Korrosionsprodukten, z. B. bei Zink, Platin, Eisen-Nickel-Legierungen und Stahl, nachgewiesen werden (K. S. 957). Zur Identifizierung von Oxyden, die sich bei hohen Temperaturen auf

Metallen bilden, wurden Röntgen-Beugungsbilder verwendet. Ferner werden durch Röntgenstrahlen die Metalle auf Poren, Seigerungen, Schlacken, Bindefehler und Risse untersucht.

Bei Durchstrahlung mit Röntgen- oder γ-Strahlen machen sich Risse u. dgl. durch Verfärbungen auf Röntgenfilmen bemerkbar, wenn sie eine bestimmte Breite überschreiten. Auch die Ausbreitung von Ultraschallwellen wird durch Störstellen beeinflußt, so daß nach dem „Impuls-Echo-Verfahren" Undichtigkeiten nachgewiesen werden. Schließlich ist noch das triboelektrische Verfahren anwendbar, bei dem zwei ungleiche Metalle ein Flächenpotential erzeugen, wenn sie aneinander gerieben werden oder wenn, wie beim „Statiflux"-Gerät ein feines Pulver beim Hindurchblasen durch eine Hartgummidüse elektrisch aufgeladen wird (K. S. 960). Dieses Verfahren wird insbesondere zum Nachweis von Rissen in Emailschichten angewandt. An den Undichtigkeiten werden die geladenen Pulverteilchen von den Elektronen im Grundmetall angezogen, so daß am Riß Anhäufungen von Pulver entstehen. Ist der Prüfling nicht metallisch, so wird dieser mit einer geeigneten Eindringflüssigkeit behandelt und getrocknet. Nach dem Trocknen wird das Pulver über die Oberfläche geblasen (K. S. 960).

III. Teil — Die Verhütung der Metallkorrosion

A. Allgemeines

Bei der Beurteilung von Maßnahmen zur Korrosionsverhütung ist zu beachten, daß in der Praxis im allgemeinen nicht nur chemische Wirkungen auftreten, wie bei den meisten laboratoriumsmäßigen Nachbildungen, sondern zusätzliche mechanische Einflüsse wie Reibung und Verformung. Eine gegen rein chemische Wirkungen absolut sichere Schutzschicht ist bedeutungslos, wenn ihre Härte zu gering ist, um eine Zerstörung durch Kratzer zu verhindern (es sei denn, daß sie die Fähigkeit des Fernschutzes besitzt). Aber auch die Vereinigung einer noch so hohen Härte mit chemischer Beständigkeit ist nutzlos, wenn der Werkstoff nachträglich Verformungen ausgesetzt ist und die Schutzschicht mangels nötiger Dehnbarkeit brüchig wird. Diese Dreiheit der gestellten Ansprüche

1. chemische Widerstandskraft,
2. Härte,
3. Verformbarkeit,

ist es, welche einen absoluten Korrosionsschutz bisher verhindert hat und zu Kompromißlösungen zwingt, welche immer nur von Fall zu Fall verwendet werden können.

1. Zusammenhang zwischen der Korrosionsmessung und der Korrosionsverhütung

Die im zweiten Teil dieses Buches behandelte Korrosionsmessung verfolgt den Zweck, die Möglichkeit für eine erfolgreiche Korrosionsverhütung zu schaffen. Infolgedessen gelten die im Abschnitt II, A, behandelten allgemeinen Richtlinien und Grundlagen ebenso wie für die Korrosionsmessung auch für die Korrosionsverhütung. Man muß die Korrosion zuerst richtig erkennen und messen, um sie dann durch geeignete Maßnahmen verhüten zu können. Oft gibt die bei der

Korrosionsmessung im Abschnitt II, B, 1 b als besonders wichtig betonte Feststellung des maßgebenden Umstandes die nötigen Hinweise für die Korrosionsverhütung.

Wenn man z. B. gefunden hat, daß der Sauerstoff im Warmwasser Korrosionen verursacht, so wird man Mittel suchen, den Sauerstoff zu entfernen, wie z. B. durch Zugabe von Natriumsulfit, und wird die sauerstoffentfernende Eigenschaft dieser Mittel durch entsprechende Korrosionsmessungen prüfen. Dieses Beispiel, das in hohem Maße auf das ganze Korrosionsgebiet übertragbar ist, läßt klar den engen Zusammenhang zwischen der Messung und der Verhütung der Metallkorrosion erkennen. Bei einer getrennten Darstellung der Korrosionsmessung und der Korrosionsverhütung können daher Wiederholungen nicht immer vermieden werden.

Im Anschluß an den allgemeinen Teil wird die Einteilung der Abschnitte vorwiegend nach Metallen vorgenommen, weil auf diese Weise für den Leser das Auffinden von korrosionsschützenden Maßnahmen erleichtert wird. Dadurch nimmt der Abschnitt, welcher sich mit Eisen beschäftigt, den größten Umfang ein, während andere Metalle, wie Kupfer, Zink und Blei, kürzer behandelt werden. Denn bei diesen Metallen spielt die Korrosion und die Korrosionsverhütung entweder deswegen eine geringere Rolle wie beim Eisen, weil, wie beim Kupfer, das Metall in den meisten Fällen keine starke Korrosion aufweist, oder, weil, wie beim Zink, das Metall so stark korrodiert, daß es eine entsprechend geringere Verwendung findet.

Einen allgemeinen Überblick über die Korrosion der häufigsten Metalle in wäßriger Lösung liefert die von Schikorr zusammengestellte Tabelle 8. Es muß aber ausdrücklich betont werden, daß es sich hierbei nur um ganz rohe Anhaltspunkte handelt, die lediglich eine gewisse oberflächliche Orientierung ermöglichen sollen und daher eine Reihe von wichtigen Einflüssen, wie z. B. den zeitlichen Verlauf, nicht mit enthalten. Die Tabelle 8 ist hier aufgeführt, um zu zeigen, daß zur Ausführung und Beurteilung von Korrosionsmessungen und Korrosionsschutzmaßnahmen ein zusammengefaßter, wenn auch nur sehr roher Überblick über ein möglichst umfassendes Korrosionsgebiet nützlich ist.

Tabelle 8 (n. Schikorr)

(Sehr eingehende Angaben sind von Rabald in den Dechema-Werkstofftabellen zusammengestellt)

Korrosion der Metalle

Vorbemerkungen

1. Es bedeutet:

1 Material fast immer verwendbar.	Angriff etwa 0,0001	g/m^2 Tag
2 Material in den meisten Fällen verwendbar.	Angriff etwa 0,01	g/m^2 Tag
3 Material mitunter verwendbar.	Angriff etwa 1	g/m^2 Tag
4 Material sehr selten verwendbar.	Angriff etwa 100	g/m^2 Tag
5 Material nie verwendbar.	Angriff etwa 10000	g/m^2 Tag

2. Die Angaben des Schrifttums schwanken sehr stark je nach den Bedingungen (Reinheit des Metalls, Konzentration des angreifenden Stoffes, Temperatur) und nach dem Beobachter. In den Tabellen sind die Angaben häufig nur geschätzt.

3. Der Beständigkeit entgegen wirken in der Regel Steigerungen der Temperatur, Wasserstoffionenkonzentration und Ungleichmäßigkeit des Gefüges.

4. Die meisten Angaben beziehen sich auf Luftgegenwart.

5. Besonders wichtig ist oft der Wassergehalt der angreifenden Stoffe. Manchmal erhöht Wasser den Angriff (Alkohol, Treibstoffe, Atmosphäre), manchmal erniedrigt es den Angriff (vgl. Aluminium in organischen Stoffen).

6. Die Angaben in der Tabelle können nur als Fingerzeige dienen.

A. Durch anorganische Stoffe.

I. Durch O_2-haltige wäßrige Lösungen der Spalte 1.

	Al	Pb	Cd	Cr	Fe	Fe Si	Fe[2]) Cr Ni	Cu [3])	Cu Zn [3])	Cu Sn [3])	Cu Ni [3])	Ni [3])	Zn	Sn [3])
(dest. Wasser)	2—3	2—3	2	1	3		1	2	2	2	1—2	1	2—3	2
CO_2	2—3	2—4		1	3—4		1—2	2—3	2—3		2	2	2—4	2
HNO_3	2—4	2—5	5	1—4	5	1—3	1-4	5	5	3—5	2—5	1—5	5	3—5
HCl	5	2—5	5	5	5	2—5	5	4	4	3—4	3—4	3—5	5	3—4
H_2SO_4[1])	3—4	2—5	5	3—4	3—5	2—4	2—5	3	3	2—3	3	3—4	5	3—4
H_2SO_3	4	2		4	4	2	2—4	3	3	2—3	2—4	4	5	3—4
H_3PO_4	4	2—4		4?	3—5	1—4	1—4	3—4	3—4		2—4	3—4		
H_2F_2	3—5	4		4		5					2?	1[4])		
H_3BO_3	2—3				3—4	3	1—2			2--3		1?		
NH_3	2		3	1	1—2	1—2	1	4	4	3—4	2—4	1—2		

[1]) Konz. H_2SO_4 greift oft viel weniger an.

[2]) Nicht rostender Stahl.

[3]) Bei O_2-Abwesenheit in vielen Fällen: 1—2.

[4]) Nach Vorbehandlung mit 58%iger Flußsäure.

	Al	Pb	Cd	Cr	Fe	Fe Si	Fe[4]) Cr Ni	Cu [5])	Cu Zn [5])	Cu Sn [5])	Cu Ni [5])	Ni [5])	Zn	Sn [5])
NaOH; $Ca(OH)_2$ Cl′-frei)	5[2])	3—4		1	1	1—3	1	2—3	2—3	1—2	1—3	1	3—4	4—5
Na_2CO_3 (Cl′frei)	4[2])	2		1	1	1—3	1				2—3	1		3—4
Na_2S; CaS(Cl′-frei)		1		1	1	3	1				3—4			
NaCl; $CaCl_2$ usw.	3—4	2—4	2 ?	1—2	3	2—3	2	3—4	3—4	2—4	2 ?	2—3	2—3	2
$NaNO_3$; $Ca(NO_3)_2$ usw.	2—3			1	3		1	2—3	2—3	2	1—2	1	2—3	
Na_2SO_4	2—3	2		1—2	3	5	1	2—3	2—3	1—3	1—2	1—2		
NH_4Cl	4	2—3		3	4	5	1—3	4	4	2—4	3—4	2 ?		
$(NH_4)_2SO_4$	3—4	1[3])		2	4	1—2	1—3		3 ?	3	2	2	3—4	
NH_4NO_3	2			1	4	1—2	1—5	3	3 ?	3	4	2	4—5	
$Al_2(SO_4)_3$, Alaun	3—4	2—3			4	2—3	2—3		2—3		2	3	4	
$FeSO_4$	4				4	1	2				2—4			
Hg- u. Cu-Salze	4—5				4	1—4	1—5		2—4			3—4	5	
H_2O_2	2—4			1	2—4		1	2—4			3	1	2—5	
Leitungswasser fließendes	3—4	2—4	2 ?	1	2—4	2—3	1	2	2—3	2	2	1—2	2—3	2
H_2CrO_4; CrO_4''; Cr_2O_7''	1	1		1	1	1—2	1				4	1	1—3	4

II. Durch Stoffe der Spalte 1

	Al	Pb	Cd	Cr	Fe	Fe Si	Fe[4]) Cr Ni	Cu [5])	Cu Zn [5])	Cu Sn [5])	Cu Ni [5])	Ni [5])	Zn	Sn [5])
Erdböden	4	2—4		1—2	2—4		1—2	2				2	3—4	2—3
Gips; Gipsmörtel	3	2		1	2—4		1	2—3				1—2	2—4	
Zement, Zementmörtel	4	3—4		1	1—2		1	2—3					2—4	2 ?
Schwefel, flüss.	1 ?	4		1 ?		2	3	4—5	3—4	4	4	4	2 ?	
Feuchte Gase[1])														
Nitrose Gase	2		1 ?	1	4		1—2	4				1—5		
H_2S+O_2	1		1 ?				1	2—4	3			2	2—3	
SO_2+O_2	2—4							4				1—4	2—5	
Halogene	5	2—5			2—5	2—5	2—5	2—5				1—5		4—5
Luft	1—4	1—2	1—2	1	2—4		1	1—2	2	1—2	1—2	1—2	1—3	1—2
Luft+Salznebel	2—4		2—3	1—3	3—4		1—3	2—4			1—3	1—3	3	2—3

1) Angriff mit der Feuchtigkeit des Gases oft stark ansteigend.

2) Zusatz von Gummi arabicum oder Wasserglas vermindert den Angriff.

3) Ammoniakalische $(NH_4)_2SO_4$—SO_3 : 3.

4) Nicht rostender Stahl.

5) Bei O_2-Abwesenheit in vielen Fällen: 1-2.

B. Durch organische Stoffe.

	Al	Pb	Cr	Fe	Fe Si	Fe Cr Si	Cu (?)	Cu Sn (?)	Cu Ni (?)	Ni	Zn	Sn
Aceton	1—2		1	2—3		1						
Äthyl-, Methyl-Alkohol	2	2—3	1	1—2		1	2 ?		1	1		
Äthyl-Äther	2		1	1—2		1						
Ameisen-, Essig-, Oxalsäure	4	2—4	2—4	2—4	1—3	1—4	2—4	3	2—4	1—4	4)	2—4
Propion-, Butter-, Baldriansäure	3—4[1]		1—3	2—3	1—2	1—3	2—4	3	1—3	1—4	4	2—4
Zitronen-, Bernstein-, Milch-, Salicyl-, Weinsäure	2—4[5]	3—4	1—3	2—4	1—3	1—3	2—4	3	1—3	2—3	4	2—3
Blausäure	1 ?	3—4		3—4	2	1					2 ?	
Hohe Fettsäuren	2—4[1]		1—3	1—3	1—2	1	2—3	2	2—3	1 ?	2—3	
Gerbsäure	3	4		3—4	1—2	1			3	1		
Anilin, Amide	2—4						4	4				
Benzol	1—2		1	1—3			1—2	1—2			2	1
Campfer, geschmolzen	1 ?	2[4]		2								
Formaldehyd	1			2—3		1-3 ?						
Gelatine	1							3	1	2		
Harze	1	3—4		3—4			2—3		2	1		
Phenole	1—2[1]	3—4	1	3—4	2	1			2	2		1
Schwefelkohlenstoff				2—3		1				2		
Terpentinöl	1			2		1						
Tetrachlorkohlenstoff (feucht)	1 ?	4		1—3		1—2	3	2—4	2—4	2—3	3—4	3—4
Zuckerlösungen	2			2—3								1
Bier	2—3			3				3	3	2	3	2—3
Milch	2		1—2	3		1—2				2—3		2
Wein	2—3 ?			3			4				3—4	3
Fette Öle	2			1—3								
Petroleum	1—2			1—3								
Urteeröle	2[1]—4			1—4			2		2—4	2	2—4	
Organische S-Verbindungen in Kraftstoffen	2	3—4		3—4			3—4	2		2	4	1—2
Sonstige Stoffe	[2]											

[1]) Wasserhaltig! Die wasserfreien Stoffe greifen stärker an. (Völlig wasserfreie organische Säuren rufen häufig einen weit stärkeren Angriff hervor als Säuren mit 0,1—1 % Wasser.)

[2])—[5]) s. S. 64.

2. Maßnahmen zur Korrosionsverhütung durch Veränderung des Metalls oder des angreifenden Mittels

Die Maßnahmen zur Verhütung der Metallkorrosion sind äußerst vielseitig und werden im einzelnen in den folgenden Abschnitten B—F bei den verschiedenen Metallen beschrieben. Daher genügt es, hier nur einen kurzen und allgemein gehaltenen Überblick zu geben. Im großen und ganzen gelten hier die Ausführungen des Abschnittes I, 4, nach denen bei einer unter Wasserstoffentwicklung verlaufenden Korrosion die Ursache vorwiegend beim Metall zu suchen ist, und bei der Sauerstoffkorrosion in den meisten Fällen dem angreifenden Medium die Schuld gegeben werden muß.

a) Maßnahmen durch Veränderung des Metalls

Wohl die bekannteste hier zu nennende Maßnahme ist die Herstellung geeigneter Metallegierungen. Es ist das große Verdienst der metallurgischen Wissenschaft und Technik, für fast jeden Sonderzweck, so auch für die verschiedensten Korrosionsbeanspruchungen, besondere Legierungen geschaffen zu haben. Dabei ist es erstaunlich, daß oft sehr geringe Beimengungen, z. B. von Al, Cr und Si, den Korrosionswiderstand beträchtlich erhöhen können. In anderen Fällen können aber umgekehrt geringe Beimengungen den Angriff stark fördern, wie es z. B. beim Aluminium der Fall ist. Daher hat man das Aluminium mit immer steigender Reinheit hergestellt. Um das Eisen durch Legieren gegen Säuren korrosionsfest zu machen, braucht man größere Mengen von Silicium oder Chrom oder für den beim V2A-Stahl erreichten Korrosionsschutz 18 % Chrom und 8 % Nickel. Ein sehr wichtiges Gebiet der Metallurgie ist die Legierungsbildung von Kupfer und Zink, wobei je nach dem Mischungsverhältnis die verschiedenen Messingsorten entstehen. Das Kupfer ist zur Legierungsbildung auch mit anderen Metallen besonders geeignet (Bronze).

---

[2]) Aluminium gegen Acetanilid, Alkaloide, Amylacetat, Ketone, Paraffin, Pyrogallol, Resorcin, Ricinusöl, Sulfonalwachs, Paraldehyd, wasserfreien Essigsäureäthylester, Fette, Nitrolglycerin 1; gegen Acetessigester, Kresole, Leinölfirnis, Naphthol, Naphthylamin, Nitrocellulose, Olivenöl, Ätherische Öle, Jauche, Äthylentrichlorid, Chinon, Tischlerleim, Krapplack, Spirituslack, Senföle, Zellstoffmasse 2; gegen Benzaldehyd 4.

[3]) Bei Sauerstoffabwesenheit oft kein Angriff.

[4]) Bei Gegenwart von Eisen 4.

[5]) Milchsäure 1?

Während die Legierungsbildung und Zumischung geringer Beimengungen das gesamte Metall verändert, kann man auch die Änderung auf die Oberfläche beschränken, was für die Korrosion besonders wichtig ist. So kann man durch geeignete Wärmebehandlung das Metallgefüge oberflächlich in einem für die Korrosion günstigen Sinne beeinflussen. Bekannte Beispiele hierfür sind Messingrohre, welche ohne geeignete Wärmebehandlung gefährliche Risse bilden (Seite 52).

Die wohl am häufigsten vorgenommene Änderung der Metalloberfläche geschieht durch Überzüge mit Fremdmetallen. Einen umfassenden Überblick über Korrosionsschutz durch elektrolytische Metallniederschläge gibt M. Schlötter. Es haben sich bestimmte Dicken galvanischer Schichten als zweckmäßig erwiesen, die entweder in mm oder in g/m² angegeben werden (bei Vernicklung eine Mindeststärke von 0,025 mm, bei Auflagen von Zn 90 bis 140 g/m², Cd 40 g/m², Sn 20 g/m², Pb 100—200 g/m² und Cu 70 bis 100 g/m² (B. III, S. 426). Wenn die Überzüge, was beim Galvanisieren meist der Fall ist, edler sind als das Grundmetall, so muß die Schicht dicht und lückenlos sein. Denn schon die kleinste Undichtigkeit läßt in Berührung mit angreifenden Flüssigkeiten ein Lokalelement entstehen, was wegen der Größe der edleren Kathodenfläche des Überzugmetalls zu einer lochartigen und daher sehr gefürchteten Korrosion an den undichten Stellen führt. Ist die Deckschicht dagegen unedler, so wird das Grundmetall auch dann noch geschützt, wenn die Deckschicht undicht wird. Das Aufbringen metallischer Deckschichten kann außer durch Galvanisieren auf verschiedene Art erfolgen (Eintauchen in Bäder, Feuerverzinkung usw.). Eine etwas andere Art des metallischen Oberflächenschutzes besteht darin, daß man Plattierungen anwendet, d. h. dünne Bleche edleren Metalls auf das zu schützende Grundmetall aufwalzt.

Eine weitere große Gruppe von Oberflächenverfahren bei Metallen besteht in einer chemischen Einwirkung auf die Oberfläche. Hierbei entstehen Deckschichten, welche aus einer chemischen Verbindung des Metalls bestehen. Durch oxydierende Wirkung entstehen Metalloxyde, welche je nach ihrer Beschaffenheit einen mehr oder weniger guten Korrosionsschutz ergeben. Andere Schutzschichten bestehen aus unlöslichen und gut haftenden Karbonaten oder Phosphaten. Es gibt eine große Anzahl von Korrosionsschutzverfahren, welche durch chemische Oberflächenbehandlung schützende Überzüge erzeugen, (z. B. Eloxal und M. B. V. Verfahren bei Aluminium, Parkerverfahren beim Eisen). Oft bilden solche Schichten einen besonders guten Untergrund für Anstriche.

Bevor man die Oberfläche von Metallen mit einer metallischen oder nichtmetallischen Deckschicht oder auch mit einem Anstrich versieht, müssen anhaftende Verunreinigungen, wie Fett, sorgfältig entfernt werden. Diese Reinigung spielt bei der Metallverarbeitung eine große Rolle. Es gibt mechanische (Bürsten, Sandstrahl, Wasserstrahl) und chemische (organische und anorganische) und elektrochemische Reinigungsmethoden. Die organischen Mittel, wie Waschbenzin, wirken fettlösend, während die um das Vielfache billigeren anorganischen, meist alkalischen Mittel emulgierend wirken.

b) Maßnahmen beim angreifenden Mittel

Am Ende des vorhergehenden Abschnittes wurden die chemischen Oberflächenschutzmethoden erwähnt, welche gleichzeitig eine wirksame Maßnahme beim angreifenden Mittel zur Erreichung eines Korrosionsschutzes sind. Die meisten dieser Verfahren beruhen entweder auf einer oxydierenden Wirkung (schützende Oxydschichten durch Sauerstoff oder Kaliumbichromat) oder sie erzeugen sonst einen das Metall dicht bedeckenden Überzug (Kalkschutzschichten im Leitungswasser, Phosphatschutz), wobei in manchen Fällen (günstige Wirkung alkalischer Reaktion auf Eisen) schwer zu entscheiden ist, ob es sich mehr um eine reine Oxydation oder um die Bildung eines unlöslichen Niederschlages handelt.

Da nach den Ausführungen im Abschnitt I, 4, a bei dem angreifenden Mittel meist dann die Korrosionsursache liegt, wenn es sich um einen Angriff durch gelösten Luftsauerstoff (Depolarisation) handelt, besteht eine Reihe von Schutzmaßnahmen in einer Beseitigung des Sauerstoffs. Diese Beseitigung kann auf chemischem Wege geschehen, indem man den Sauerstoff z. B durch Natriumsulfit oder auch durch feinverteiltes Eisen abbindet. Andere Verfahren beruhen auf einer physikalischen Wirkung (Entlüften durch Temperaturerhöhung oder durch Vakuum).

In einem gasförmigen Medium, wie in der Atmosphäre, sind die Schutzmaßnahmen durch Beeinflussen des korrodierenden Mittels meist nicht so einfacher Natur. Nachdem man erkannt hat, daß die kürzere Lebensdauer von Eisen an der Luft mit industriellen Verunreinigungen zusammenhängt, ist man bestrebt, die Verunreinigungen, wie schweflige Säure, nicht in schädlichen Mengen in die Luft gelangen zu lassen. Die angreifende Wirkung von Leuchtgas setzt man dadurch herab, daß man dem Gas durch besondere Reinigungsvorrichtungen das Wasser und andere angreifende Stoffe entzieht.

B. Eisen

Bei der Verarbeitung des technischen Eisens und seiner Legierungen stehen zunächst die mechanischen Eigenschaften, wie Festigkeit,

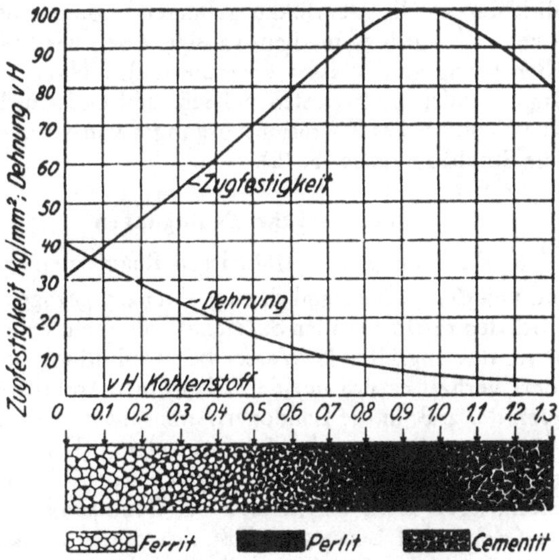

Abb. 22. Abhängigkeit der Festigkeitseigenschaften von Stählen von Kohlengehalt und Gefüge.

Härte, Dehnung, Verformbarkeit usw. im Vordergrund. Hierbei spielt der Kohlenstoffgehalt, welcher das Gefüge entscheidend beeinflußt, die Hauptrolle, wie die Abb. 22 erkennen läßt.

Auf die Technologie und Metallurgie des Eisens, eins der wichtigsten Gebiete der heutigen Technik, kann hier nicht eingegangen werden. Die mechanischen Eigenschaften wurden im II. Teil dieses

Buches im Abschnitt II, C, 3 nur so weit herangezogen, als sie für die Korrosion Bedeutung besitzen, und zwar als unentbehrliche Korrosionsprüfmethoden bei interkristalliner und sonst auf enge Bezirke begrenzter Korrosion (Abschnitt I, 3, b sowie II, C, 4). In allen diesen Fällen, auf die hier ebensowenig wie auf die Technologie und Metallurgie des Eisens eingegangen werden kann, sind die Materialeigenschaften von entscheidender Bedeutung.

Anders liegt der Fall dagegen, wenn an das Eisen keine besonderen mechanischen Forderungen gestellt werden, sondern in erster Linie eine Korrosionsbeständigkeit gegen Luft und Wasser verlangt wird. Dabei ist dann, abgesehen vom Verhalten gegen Säuren, hauptsächlich der an die Oberfläche gelangende Sauerstoff für die Korrosion verantwortlich zu machen. Infolgedessen wird man, wenn Eisen in Berührung mit Wasser korrodiert, das Hauptaugenmerk auf den angreifenden Stoff richten müssen, und es ist nicht richtig, ohne genaue Kenntnis des Korrosionsvorganges von vornherein dem Material die Schuld zu geben (S. 12).

1. Atmosphärische Bedingungen

a) Entfernung der gefährlichen Reagenzien

Hier sind von der Natur ziemlich enge Grenzen gezogen. So kann man natürlich den rostfördernden Salzgehalt der Seeluft ebensowenig entfernen wie das angreifende Wasser bei Taubildung und Regen. Etwas anders verhält es sich mit den schädlichen Industrieabfällen, wie Schwefel, der z. B. in die Londoner Atmosphäre täglich in Mengen von 1000—2000 Tonnen Schwefelsäure gelangt (E. S. 146). Durch Gaswäscher oder auch durch Verwendung reinerer Kohle lassen sich die Schwefelmengen stark verringern. Bei Benutzung gasförmiger Brennstoffe (Heiz- und Leuchtgas) läßt sich durch Trocknung und Reinigung des Gases der Angriff auf die Gasrohre sehr herabsetzen.

b) Abschließung des Metalls von der Luft durch Deckschichten, Plattierung, Emaillierung oder Galvanisierung

Der am meisten verbreitete Rostschutz an der Atmosphäre ist der Anstrich, der in einem besonderen Abschnitt behandelt wird, so daß hier nur darauf verwiesen zu werden braucht. Zeitweilig schützende Deckschichten an der Luft erzeugt man durch Aufbringen von Fetten (Vaseline, Lanolin), wobei man den Schutz noch dadurch verstärken kann, daß man ebenso wie bei Anstrichen schützende Pigmente, wie Zinkstaub, Aluminiumpulver, Chromate oder auch alkalische Stoffe beimengt. Die Aufbringungen von Plattierungen oder metallischen Überzügen durch Galvanisierung wird wegen der hohen Kosten nur in besonderen Fällen vorgenommen, wie z. B. eine Verchromung von Eßbestecken oder zur Erzeugung besonders dekorativer Metalloberflächen. Auch wenn aus technischen Gründen erhöhte Anforderungen gestellt werden (Schutz gegen angreifende Gase der chemischen Technik, gegen Abgase oder hoch-gespannten Wasserdampf), leisten Chromüberzüge gute Dienste. Es würde zu weit führen, an dieser Stelle nähere Ausführungen über die verschiedensten Nutzanwendungen der galvanischen Schutzschichten (Vernicklung siehe S. 109, Verzinkung S. 103) zu machen. Der hier herausgegriffene Chromüberzug ist nur ein Beispiel, das nur dazu dient, um auf ein großes Sondergebiet, das hier schon aus Raummangel nicht behandelt werden kann, zu verweisen. Angaben über die erforderliche Dicke galvanischer Überzüge sind auf Seite 65 gemacht. Auch das Gebiet der Emaillierung, das von Eisenstecken und Hartmann bearbeitet wurde (B. III, S. 314—344), soll hier nur angedeutet werden.

Neuerdings hat man gute Erfahrungen mit Überzügen aus Kunststoffen gemacht[13]) (Polyvinylchlorid, Polyäthylen usw.).

c) Schutz durch metallische Beimengungen

Wegen der großen wirtschaftlichen Bedeutung des Rostens von Eisen an der Luft hat man große Anstrengungen gemacht, durch Beimengungen zum Eisen einen Rostschutz zu erzielen. Hier ist besonders der bereits erwähnte Kupferzusatz von etwa 0,2 % zu nennen. Gekupferter Stahl zeigt beim atmosphärischen Angriff einen mit steigendem Kupfergehalt zunehmenden Rückgang der Korrosion, wobei nach Abb. 23 ein Mindestgehalt von 0,2 % Cu angewandt werden muß, um die Rostbeständigkeit von Eisen an der Luft bis um das Doppelte zu steigern. Unter ganz bestimmten Bedingungen (z. B. in Eisenbahntunneln, wo möglicherweise eine starke Anhäufung von Verbrennungsprodukten wie SO_2 eingetreten war) rostete der gekupferte Stahl ebenso schnell wie nicht gekupferter.

---

[13]) Lit. P. Voigt, Chemiker-Ztg. *80*, 1956 Heft 20.

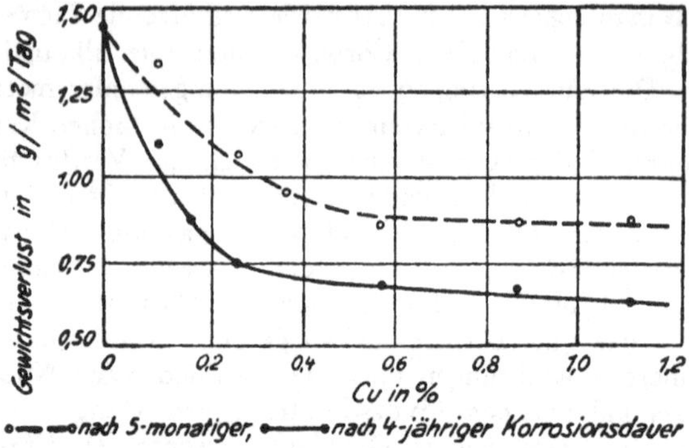

Abb. 23. Witterungskorrosion kupferhaltiger Stähle in Abhängigkeit vom Kupfergehalt (B. I., S. 295).

2. Eisen in Berührung mit Flüssigkeiten bei Zimmertemperatur

a) Bildung schützender Oxydhäute

Die Eigenschaft, schützende Oxydhäute zu bilden, ist beim Eisen sehr viel weniger ausgeprägt als beim Chrom und Aluminium, wo schon die Berührung mit der Luft genügt, um eine schützende (passivierende) Oxydhaut zu erzeugen. Beim Eisen bildet zwar der Luftsauerstoff auch Oxydhäute, aber diese sind nicht dicht und gewähren keinen Schutz. Es gibt in erster Linie zwei Einflüsse, die auch beim Eisen eine rostschützende Oxydhaut bilden, und zwar, wie die folgende Tabelle 9 zeigt, oxydierende Stoffe, z. B. Chromat, und alkalisch wirkende Stoffe. Daneben wirken noch einige Stoffe durch Bildung besonderer Schutzschichten (Phosphate, Borsäure).

Leider ist der besonders wirksame Schutz durch Chromsäure und Chromate wegen der sonstigen unangenehmen Eigenschaften dieser Stoffe vorwiegend nur in geschlossenen Systemen möglich. So läßt sich z. B. durch einen solchen Zusatz im Autokühler sowohl die Korrosion als auch die Steinabsatzbildung, welche die Kühlwirkung und damit die Leistung verringert, verhindern.

Der alkalische Schutz ist dann mit Sicherheit erreicht, wenn der pH-Wert alkalischer als 12 ist. Zwischen pH etwa 10—12 hat man einen unzuverlässigen Schutz, der neben der Einheitlichkeit der Oberfläche hauptsächlich von der Anwesenheit korrosionsfördernder Chloride abhängig ist. Ebenso wie in alkalischen Lösungen wird auch der durch oxydierende Lösungen beim Eisen bewirkte Korrosionsschutz durch Chloride und andere Salze gestört. Diese Störung kann nach Versuchen des Verfassers so weit gesteigert werden, daß der zunächst erreichte Korrosionsschutz in eine Korrosionserhöhung bis um das 30fache übergehen kann. Verschiedene andere Stoffe

Tabelle 9 (B. I, S. 234)
Rostschutz durch anorganische Lösungen

Elektrolyt	Für den Rostschutz erforderliche Konzentration in g/Liter
CrO_3	0,01—0,05
$K_2Cr_2O_7$	0,1
K_2CrO_4	0,1
KJO_3	1
$KBrO_3$	1
$KMnO_4$	1
$NaC_2H_3O_2$	1
KCN	1
$Ca(OH)_2$	0,7
K_3FeCN_6	2
K_4FeCN_6	1—2
$Ba(OH)_2$	3
NaOH	1—10
$Na_2B_4O_7$	10
Na_2HPO_4	10
$NaHCO_3$	10
K_2CO_3	10
$(NH_4)_2HPO_4$	10
Na_2CO_3	10

wirken auch noch korrosionsschützend, wenn auch nicht so stark wie Chromate und Alkalien. Hierher gehört z. B. Borax. Phosphate und Salze des Zinks und anderer Schwermetalle (E. S. 185). Über den pH-Einfluß bei schwach saurer Reaktion siehe Seite 16.

b) Bildung sonstiger Schutzschichten (Karbonate, Phosphate)

Die Benutzung eiserner Leitungsrohre für Leitungswasser ist nur dadurch möglich, daß Schutzschichten aus Calcium- und Eisenkarbonat gebildet werden, deren Schutzwirkung von der Zusammensetzung des Wassers abhängt. Maßgebend ist der Kalkgehalt und die Anwesenheit von angreifender (aggressiver) Kohlensäure, welche mit dem pH-Wert zusammenhängt. Im allgemeinen können Wässer, welche etwa 7° deutsche Härte besitzen und dabei sonst normal zusammengesetzt sind (keine übermäßigen Mengen aggressiver Kohlensäure, keine saure Reaktion), bei verzinktem Eisen als schutzschichtbildend gelten (K. S. 704). Wasser, welches diesen Anforderungen nicht genügt, muß aufbereitet werden. Bei der Aufbereitung kommt es im wesentlichen darauf an, den Säuregrad so zu beeinflussen, daß eine Schutzschichtbildung eintritt. Eine Zusammenstellung der hauptsächlichsten Aufbereitungsmaßnahmen enthält die folgende Tabelle 10, welche dem Buch von L. W. Haase über Werkstoffzerstörung und Schutzschichtbildung im Wasserfach entnommen ist[14]).

Der Schutz des Eisens durch Phosphatschichten geschieht nach dem Parker-Verfahren durch Einwirkung von Gemischen, bestehend aus konzentrierter Phosphatlösung und Schwermetallphosphaten[15]). Es bilden sich Phosphatschichten, welche die Korrosion verringern. Der Hauptwert der so vorbehandelten Eisenoberfläche besteht darin, daß die Anstriche auf der phosphatierten Oberfläche besser haften und die Schutzwirkung der Anstriche erhöht wird. Aus dem ursprünglichen Parkerverfahren sind eine Reihe von Schnellverfahren entwickelt worden, bei denen z. B. durch weitere Zusätze eine Beschleunigung der zur Deckschichtbildung erforderlichen Eisenauflösung erreicht wurde (Bondern, Atramentverfahren usw. B. III, S. 362 bis 364) (K. S. 574). So läßt sich durch depolarisierend wirkende Nitrate eine so große Beschleunigung erreichen, daß ein Aufspritzen oder Aufstreichen der schützenden Schicht ermöglicht wird. Wenn eine Nachbehandlung mit Lacken nicht vorgenommen werden kann, ist nach dem Parkerbad eine Einwirkung von Kaliumbichromat oder Chromsäure vorteilhaft. Eine besonders wichtige Rolle als Korrosionsschutz spielen ferner korrosionsschützende Phosphatschichten im Warmwasser.

---

[14]) L. W. Haase, Werkstoffzerstörung und Schutzschichtbildung im Wasserfach, Verlag Chemie, Weinheim, S. 74 und 75 (1951).

[15]) W. Machu, Werkstoffe und Korrosion, 2, 72 (1955).

wenn man zunächst einmal eine brauchbare Methode hat, um die geringen Wassermengen zu messen. Denn man muß jede Maßnahme, welche dazu dienen soll, das Wasser zu entfernen, dadurch kontrollieren, daß man den Wassergehalt der Ausgangsprodukte vergleicht. In diesem Falle ist die Verbindung zwischen Korrosionsmessung und Korrosionsverhütung so eng, daß man sich mit einer Verhütung überhaupt erst beschäftigen kann, wenn man vorher ganz bestimmte Meßmethoden ausgearbeitet hat.

Nach Tabelle 8 Seite 61 können geringe Wassermengen auch stark korrosionsverzögernd wirken, und zwar bei organischen Säuren, wie Propion- und Buttersäure. Die Ursache für dieses Verhalten besteht vermutlich darin, daß in diesem Falle die ersten Wasserspuren die Aktivität der Wasserstoffionen, oder was dasselbe ist, die Stärke der Säurewirkung stark verringern. Dieser Effekt ist als Hydrationseffekt (Wasserbindung) anzusehen und läßt sich nach Versuchen des Verfassers durch eine um eine Anzahl von Zehnerpotenzen gesteigerte Wirksamkeit von H^+- und OH^--Ionen, die von ihrer Wasserhülle befreit werden, nachweisen.

Bei der Destillation von Rohpetroleum beseitigt man mit Kalk Schwefelverbindungen und durch Ammoniak die Salzsäure. Nach der Tabelle 11 läßt sich durch einen solchen Kalkzusatz die Korrosion durch Rohöl auf das 10- bis 50fache verringern.

Tabelle 11 (R. S. 188)
Einfluß eines Kalkzusatzes auf die Korrosion

Ort der Korrosion	Abgefressene Schicht in mm/Jahr	
	ohne Zusatz	mit Zusatz von 1–1,2 g $Ca(OH)_2$ pro l Rohöl
Flüssigkeitsraum der Blase	4,88	0,55
Gasraum der Blase	3,80	0,19
Boden des Waschturms	3,58	0,07

3. Eisen in Berührung mit Flüssigkeiten von höherer Temperatur

a) Warmwasserleitungen

Wie bereits auf Seite 21 betont wurde, ist die Warmwasserkorrosion ein Problem, das noch ungelöste Fragen enthält und zu wirtschaftlich sehr fühlbaren Verlusten Anlaß gibt. Die Anstrengungen, die man gerade in neuster Zeit zur Abhilfe macht, sind sehr groß, aber bisher nicht immer erfolgreich. Schon die Korrosionsursache ist eine Frage, deren völlige Klarstellung noch fehlt. Als Hauptgrund für das Auftreten der Warmwasserkorrosion kommt ebenso wie beim Kaltwasser zunächst der Sauerstoff in Betracht. Hierauf ist das (K. S. 699) verschiedene Verhalten von Hochdruck- und Niederdruckboilern zurückzuführen. Im Hochdruckboiler traten wesentlich stärkere Angriffe auf, weil die in Niederdruckboilern vorhandene Entlüftung fehlt und Luftblasen sich ansetzen können.

Eine wirksame Verhütungsmaßnahme ist die chemische Beseitigung des Luftsauerstoffs z.B. durch Natriumsulfit. Da die Umsetzung mit dem Sauerstoff bei den im Warmwasser vorhandenen Temperaturen eine gewisse Zeit benötigt, muß nach dem Zusatz genügend Zeit für diesen Umsatz vorhanden sein. Eine Nichtbeachtung dieses Umstandes hat des öfteren zu Rückschlägen geführt. Es ist weiterhin notwendig, laufend dem Warmwasser die je nach der Entnahme richtige Sulfitmenge zuzusetzen. Hierzu müssen automatische Vorrichtungen vorhanden sein, welche diesen Zusatz der sehr stark schwankenden Warmwasserentnahme anpassen. Bei einfachen Dosierapparaten war die Zuverlässigkeit nicht in allen Fällen ausreichend, und völlig sicher arbeitende Anlagen sind teuer.

Weitere Schutzmaßnahmen gegen die Warmwasserkorrosion gingen von der Tatsache aus, daß ebenso wie im kalten auch im warmen Wasser unter bestimmten chemischen Bedingungen eine Schutzschichtbildung stattfindet, wenn auch wesentlich schwieriger als im kalten Wasser. Eine bemerkenswerte Begünstigung dieser Schutzwirkung ist durch Phosphat möglich. Die Schwierigkeit besteht darin, daß die zweckmäßigste Höhe des Zusatzes je nach der Wasserbeschaffenheit verschieden sein kann. Eine Phosphatschutzschicht behält, wenn sie sich einmal gebildet hat, ihre Wirksamkeit längere Zeit bei. In manchen Fällen hat der Phosphatschutz versagt; es ist aber noch eine offene Frage, ob es sich hierbei um falsche Anwendung des Verfahrens handelt, oder ob manchmal ein Phosphatschutz grundsätzlich nicht möglich ist.

Ein Gehalt des Warmwassers an gelöstem Kupfer (kupferne Heizschlange oder kupferner Warmwasserboiler) verursacht starke Korrosion. Dasselbe gilt auch von anderen als Trübung vorhandenen

Substanzen, welche lokalelementfördernd wirken. Eine Ausschaltung dieser Schäden gelingt durch eine Filtration über eine geeignete Masse. Hier hat sich die Magnofiltration besonders bewährt (Abb. 25), welche neben einer filtrierenden eine Kupfer zurückhaltende sowie eine alkaligebende und schutzschichtfördernde Wirkung auf Warmwasser hat (K. S. 822).

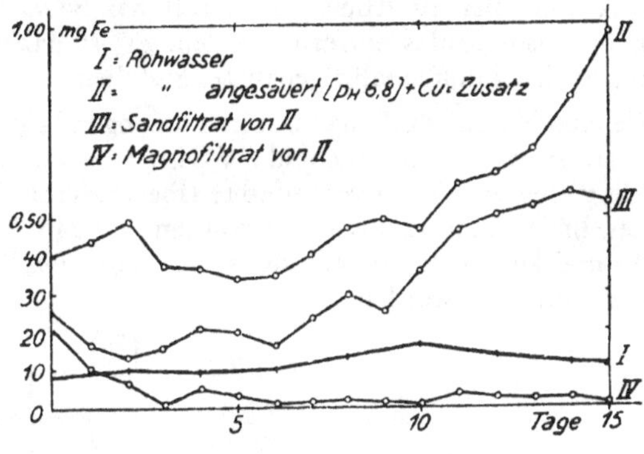

Abb. 25. Günstige Wirkung einer Sand- und Magnofiltration auf die durch gelöstes Kupfer bedingte Eisenkorrosion (nach Haase).

Auf einem gänzlich anderen Wege bekämpft man durch Zusatz von 0,5—1 % eines sich emulgierenden Öls zum umlaufenden Wasser die Warmwasserkorrosion. Ferner werden auch eine Reihe von elektrischen Verfahren für den Korrosionsschutz von Warmwasser vorgeschlagen und benutzt. (Näheres siehe am Schluß des folgenden Abschnittes über die Verhütung der Korrosion im Dampfkessel).

b) Verhütung der Korrosion im Dampfkessel

Im Dampfkessel sind die Temperaturen noch wesentlich höher als bei der Warmwasserkorrosion, so daß bei gleicher Wasserbeschaffenheit mit einer Verstärkung der Angriffe zu rechnen ist. Das gilt vor allem für den Sauerstoff, dessen Ausschaltung im Kessel die erste Voraussetzung für den Kesselschutz ist. Je höher die im Kessel herrschenden Drucke und Temperaturen sind, um so größer sind die Anforderungen an die Beschaffenheit des Speisewassers. Beim Hochdruckkessel für Fabrikationsbetriebe, in denen bei Gegendruckbetrieb das Kondensat nicht oder nur in geringem Maße wiedergewonnen wird, ist die Wasseraufbereitung bereits so kompliziert, daß sie mit einer besonderen chemischen Fabrik verglichen werden kann.

In modernen Hochdruckkesseln ist der Sauerstoff um so schädlicher, je höher die Drucke und Temperaturen sind (K. S. 762). Bei einem Druck von über 40 Atmosphären soll der Sauerstoff durch Entgasung praktisch restlos entfernt werden. Es ist daher wichtig, diese geringen Sauerstoffgehalte genau festzustellen.

Zur laufenden Messung geringer Sauerstoffmengen läßt sich durch die vom Verfasser vorgeschlagene und auf Seite 55 erwähnte Stromstärkemessung eine wesentlich vereinfachte Überwachung des Sauerstoffgehaltes im Hochdruckkessel durchführen, so daß ältere umständlichere und kostspieligere Verfahren der laufenden Sauerstoffregistrierung verlassen wurden.

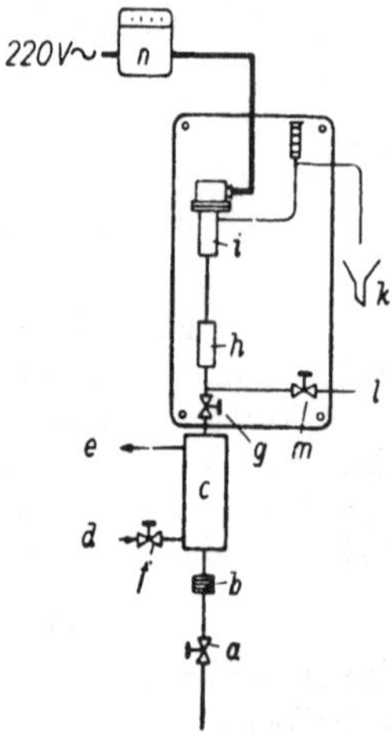

Abb. 26.
Schema der Sauerstoff-Meßanlage.
a Speisewassereintritt mit Absperrventil, *b* Drosselstrecke, *c* Kühler, *d*, *e* Kühlwasserein- und -austritt, *f*, *g* Absperrventil, *h* Mischrohr, *i* Meßzelle, *k* Ablauf, *l* Anschluß zum Nadelventil *m* (Eichung), *n* Anzeigegerät.

Hier liegt ein Beispiel dafür vor, daß die Messung der Korrosion, also in diesem Fall die Sauerstoffmessung, die unbedingte Voraussetzung für die Korrosionsverhütung sein kann. Wenn man die geringen Sauerstoffmengen nicht messen kann, besteht keine Möglichkeit, festzustellen, ob die angewandten Maßnahmen zur Entfernung des Sauerstoffs ausreichend waren. Eine dauernde Sauerstoffregistrierung läßt sofort erkennen, ob durch Undichtigkeiten oder Fehler bei der Entgasung eine Korrosionsgefahr durch zu hohen Sauerstoffgehalt vorhanden ist. Man wird im praktischen Betrieb keine Schwierigkeiten haben, den Sauerstoff zu entfernen. Das Problem der Korrosionsverhütung liegt in diesem Fall in der rechtzeitigen Erkennung der Korrosionsgefahr. Der Aufbau einer Sauerstoffkontrollanlage für Hochdruckkessel ist in der Abb. 26[18]) gezeigt.

Einen Überblick über die außerordentliche Vielseitigkeit des Korrosionsschutzes in einem modernen Kraftwerk liefert die folgende Aufstellung von Splittgerber (K. S. 825).

Zusammenfassung der Schutzmaßnahmen gegen Korrosion.

I. Temperatur.
   1. Bei Warmwasserversorgung möglichst keine Temperatur über 60° C (K. S. 765).
   2. Zur Verhinderung der Wärmeflußkorrosion (K. S. 767) keine einseitige Beheizung (K. S. 769), einwandfreie Isolierung, Vermeidung plötzlicher starker Temperaturgefälle (K. S. 770, 776, 813).

II. Werkstoffbeschaffenheit.
   1. Verhütung von Kaltverformungen (K. S. 791) oder Ungleichmäßigkeiten im Gefüge (K. S. 792).
   2. Auswahl geeigneter Werkstoffe bei Armaturen (K. S. 803) und Kondensatoren (K. S. 805) (Vorsicht bei Hinzulegierung von Arsen (K. S. 808) oder bei Verwendung von Zinkschutzplatten (K. S. 809, 813).
   3. Richtige Konstruktion der Geräte (K. S. 805), insbesondere Verhütung von Korrosionsdauerbrüchen, Ermüdungsrissen u. dgl. durch zweckentsprechende Konstruktion (K. S. 761, 801).
   4. Zur Verhütung der Kavitation an Kreiselpumpen sachgemäße Ausbildung der Einlaufstücke zu den Laufrädern (K. S. 773), Begrenzung der Saughöhe auf 6 m Wassersäule (K. S. 772) Vermeidung eines Frequenzabfalls des elektrischen Stromes (K. S. 773).

III. Reinhaltung und Korrosionsschutz der Heizflächen.
   1. Keine Verwendung von Gefrierschutzmitteln beim Kohlenabbau oder Transport (K. S. 819).
   2. Verhütung des Ansetzens von Flugasche (K. S. 818).
   3. Keine Unterschreitung des Taupunktes (K. S. 817).
   4. Gegebenenfalls Anstrich zum Schutz gegen Schwitzwasserbildung (K. S. 763, 819).

---

[18]) W. Töller, Chemisch-physikalische Prüfeinrichtungen bei der Speisewasserpflege, Mitteilungen der Vereinigung der Großkesselbesitzer, 252 bis 261 (1955).

5. Richtige Feuerführung, keine reduzierende Flamme (K. S. 818).
6. Reinigung verkrusteter Heizflächen nach Rascheck, Hutter oder Linz (K. S. 823).

IV. Reinhaltung der wasserberührten Flächen.

1. Verhütung von Kesselstein (K. S. 804, 820).
   a) Möglichst weitgehende Enthärtung (K. S. 762, 820).
   b) Phosphatzusatz (K. S. 820).
   c) Bei Hochdruckkesselspeisung Beseitigung oder Unschädlichmachung der gelösten Kieselsäure aus dem Kesselspeisewasser (K. S. 762).
   d) Nötigenfalls Beseitigung des Kesselsteins durch Bohren oder durch Beizen mit Säuren und Sparbeizen mit nachheriger alkalischer Nachwaschung (K. S. 786).
2. Verhütung von Schäumen und Spucken des Kessels.
   a) Beseitigung von Kolloiden durch Ausflockung mit Chemikalien (K. S. 193).
   b) Fernhaltung von verseifbaren Fetten und Ölen aus Kondensatoren (S. 871).
   c) Bei bester Enthärtung nur schwach ölhaltiges Wasser (S. 871).
   d) Beste Entölung der Wässer, wenn sie nicht selbst so weit wie möglich enthärtet werden konnten (S. 817).
   e) Einhaltung bestimmter Dampfgeschwindigkeiten (K. S. 762, 763, 802).
   f) Erzeugung einer Schutzschicht unter Verwendung von Natriumsulfat (K. S. 777, 815).

V. Betriebliche Maßnahmen.

1. Kesselkonservierung bei Betriebsstillstand (K. S. 823).
2. Zwecks Verhütung von Pumpenkorrosion möglichst gleichmäßige Belastung der aus geeigneten Werkstoffen herzustellenden Pumpen (K. S. 772) mit nicht zu hoch erwärmtem Speisewasser (K. S. 771).
3. Keine Druckerhöhung in feuchten sulfidhaltigen Gasen (K. S. 783).
4. Keine Einspritzung von salzhaltigem sulfithaltigem Speisewasser bei der Temperaturregelung in Überhitzern (K. S. 762).
5. Fernhaltung von Sickerdampf bei Armaturen und Turbinen (K. S. 762, 778).
6. Belüftung stillstehender Turbinen und Armaturen mit Warmluft (K. S. 804).
7. Kein Anstrahlen mit Dampf (K. S. 762, 805).
8. Zwecks Verhütung interkristalliner Brüchigkeit Beachtung der Regeln für sachgemäßes Einwalzen, Nieten, Biegen, Verhindern der Kaltverformung (K. S. 815).
9. Verhütung der Dampfzersetzung (K. S. Ziffer IV, 3).

VI. Wasserbehandlung.

1. Kühlturmkreislauf- und Zusatzwasser
   a) Fernhaltung von sulfidbildendem Flußschlamm und damit Verhütung von Entzinkung der Kondensatorrohre (K. S. 808).
   b) Geeignete Wasseraufbereitung (K. S. 803).
2. Kesselspeisewasser und Kesselwasser.
   a) Beseitigung angreifender Gase durch thermische oder chemische Entgasung (K. S. 762, 772).
   b) Fernhaltung von Schwefelwasserstoff (K. S. 783) oder Verhütung seiner Bildung (K. S. 780).
   c) Nicht mehr als 10 mg/l gebundener Kohlensäure wegen Gefahr der Sodaspaltung (K. S. 773).
   d) Beseitigung angreifender Säuren (K. S. 761). Dabei auch Verhütung der Abspaltung von Salzsäure aus Magnesiumchlorid (K. S. 762, 785).
   e) Alkalische Aufbereitung des Kesselspeisewassers (K. S. 820).
   f) Pufferung des Wassers (Hexameterphosphat) (K. S. 822).
   g) Zugabe von Ammoniak, jedoch nicht mehr als 10 mg/l NH_3 (K. S. 794), dabei keine Überimpfung mit Ammoniumsulfat (K. S. 793).
   h) Einhaltung der Natronzahl oder Alkalitätszahl im Kesselwasser (K. S. 821).
   i) Zur Verhütung interkristalliner Brüchigkeit Einhaltung des sog. „Amerikanischen Verhältnisses", Zugabe genügender Mengen von Natriumsulfat (K. S. 814, 815).
   k) Einhaltung alkalischer Reaktion bei Ölemulsionen für Armaturen (K. S. 803).
   l) Keine Verwendung zuckerhaltiger Kondensate (K. S. 790).
   m) Fernhaltung von Phenolen (K. S. 790).

c) Weitere Korrosionsverhinderungen in Berührung mit Flüssigkeiten bei höherer Temperatur

Vor allem in der chemischen Industrie hat man es vielfach mit dem Angriff durch starke chemische Mittel (z. B. Säuren und Alkalien) zu tun. Man schützt sich hiergegen in erster Linie durch Verwendung geeigneter Werkstoffe (Keramische Werkstoffe, Glas, Porzellan, Auskleidung mit säurefestem Material usw.). Vor allem finden hier die auf Seite 73 besprochenen Edelstähle Verwendung. Ein besonders reichhaltiges Material über die bei verschiedener chemischer Beanspruchung zu verwendenden Metalle enthalten die von Rabald zusammengestellten Dechema-Werkstofftabellen (Dechema, Frankfurt/M., Postfach). Hier ist die Korrosion in g/m² Tag der wichtigsten Metalle und Metallegierungen durch eine große Anzahl der verschiedensten wäßrigen und nicht wäßrigen Angriffsmittel in Form übersichtlicher Tabellen zusammengestellt. Wie stark schützend sich unter ganz speziellen Bedingungen ein Zusatz zum Eisen auswirken kann, zeigt die Abbildung 27. Man sieht, wie das Eisen, welches in Salzsäure sich stürmisch auflöst, mit steigendem Siliciumgehalt praktisch völlig beständig wird, wobei der sprunghafte Abfall des Angriffs zwischen 11 und 14 % Silicium bemerkenswert ist.

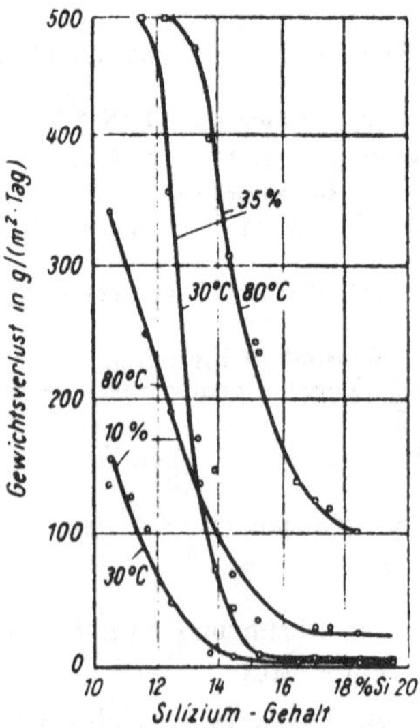

Abb. 27. Abhängigkeit des Angriffs von Silicium-Eisen-Legierungen vom Siliciumgehalt durch Salzsäure verschiedener Konzentration bei 30 und 80° (K. S. 205).

4. Eisen in Berührung mit heißen Gasen

a) Schutz durch Veränderung des Metalls

Bei metallurgischen Prozessen und bei der Wärmebehandlung kommen die Metalle mit heißen Gasen in Berührung, welche mit der Oberfläche reagieren. Außer den hier im Vordergrund stehenden oxydierenden Einflüssen (Zunderbildung) wirkt auch Wasserstoff dadurch sehr schädlich, daß er imstande ist, bei hoher Temperatur sich mit dem im Eisen vorhandenen Kohlenstoff umzusetzen (Entkohlung, Näheres hierüber im Abschnitt II, B, 5, c über Korrosion in heißen Gasen). Die Maßnahmen zur Verhütung werden auch hier in zwei Richtungen vorgenommen, einmal durch Verbesserung des Materials und zweitens durch Unschädlichmachung

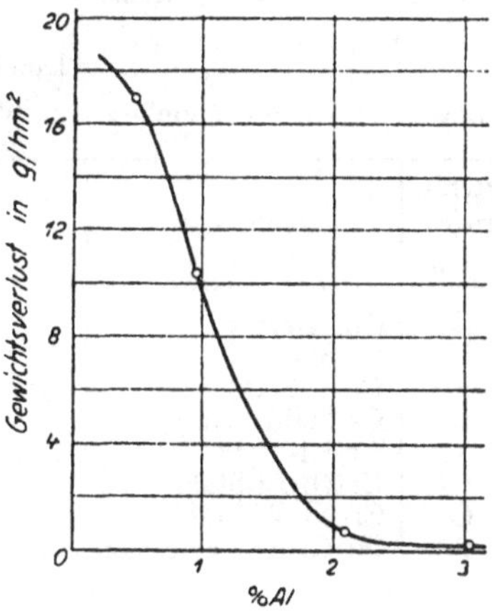

Abb. 28. Einfluß des Aluminiumgehaltes auf die Zunderbeständigkeit eines 6%igen Chromstahles (0,15 % C, 0,5 % Mo) in Luft bei 800° Celsius (Versuchsdauer 120 Stunden) (K. S. 184 ff.).

des angreifenden Mediums, also hier der angreifenden Atmosphäre. Die Tabellen 12 und 13 lassen erkennen, wie ein Chrom- und Nickelzusatz zum Eisen zwischen 700 und 1000° hervorragend schützend wirkt.

Gegen feuchtes oder trocknes Schwefeldioxyd bei 1000° verhalten sich Eisenlegierungen mit 30 bis 50 % Chrom gut (E. S. 115). Gegen Verzunderung mit N_2 — H_2S- und H_2 — H_2S-Gemischen sind Eisenlegierungen mit Aluminium und Chrom besonders korrosionsfest. Speziell gegen Verzunderung ist ferner ein Gehalt an Silicium und Aluminium günstig, wobei die Wirksamkeit dieser Zusätze mit sinkendem Chromgehalt zunimmt. Die Abb. 28 zeigt den günstigen

Einfluß eines steigenden Aluminiumgehaltes auf die Zunderbeständigkeit eines 6%igen Chromstahls.

b) Schutz durch Veränderung der Gasatmosphäre

Die zweite Möglichkeit, einer Korrosion durch heiße Gase entgegenzuwirken, besteht in einer Veränderung der Gasatmosphäre. So können schädliche Gase ersetzt werden. Z. B. kann das Oxydationsvermögen von CO_2 durch Zufügung von CO und H_2 bekämpft werden (E. S. 119). Bei gasförmigen Brennstoffen kann man durch be-

Tabelle 12

Zusammensetzungen einiger von W. H. Hatfield geprüfter Legierungen

Stahlbezeichnung	Stahltype	C %	Si %	Mn %	Ni %	Cr %	W %
G	Unlegiert	0,17	0,18	0,67	—	—	—
K	Cr-Stahl	0,32	1,32	0,25	0,29	13,2	—
J	Cr-Si-Stahl	0,50	3,04	0,37	0,16	8,28	—
L	Cr-Stahl	0,09	0,37	0,39	0,26	18,5	—
N	Cr-Ni-Stahl	0,12	0,31	0,28	8,06	17,7	—
P	Cr-Ni-Li-Stahl	0,58	4,00	0,36	8,14	15,54	—
Q	Cr-Ni-W-Stahl	0,30	1,46	0,52	7,0	17,7	4,23
R	Ni-Cr-Fe-Legierung	0,06	0,71	0,89	60,4	11,7	—

stimmte Regelungen des Gasstromes dem Gas eine solche Zusammensetzung erteilen, daß es sich einem bestimmten Stahl gegenüber neutral verhält.

Ganz besondere Beanspruchungen durch heiße Gase sind in der chemischen Industrie vorhanden. Bei der Ammoniak-Salpetersäure- und Treibstoffgewinnung befinden sich Stickoxyde, Ammoniak und Wasserstoff bei hohen Drucken und Temperaturen in Berührung mit Metallflächen. In Berührung mit Wasserstoff von 250 Atmosphären ist ein 5%iger Chrommolybdänstahl brauchbar. Auch bei der Treibstoffgewinnung, wo eine Beständigkeit gegen H_2S und SO_2 bei hohen Temperaturen verlangt wird, arbeitet man mit Sonderstählen. Bereits wesentlich besser als gewöhnlicher Stahl verhalten sich unter diesen Bedingungen Chromnickelstähle und einen

Tabelle 13

Verhalten von Legierungen in oxydierenden Gasen (nach Hatfield)
Gewichtszunahme in g/m² in 24 Stunden

Stahlbezeichnung (Zusammensetzung s. Tabelle 12)	Temperatur				
	Gas	700°	800°	900°	1000°
G	O_2	104	298	834	1709
	H_2O	37	220	749	2310
	CO_2	100	367	749	930
	SO_2	99	416	1770	—
K	O_2	2,2	19	28	913
	H_2O	5,2	5,7	149	348
	CO_2	8,1	8,7	160	623
	SO_2	4,0	10,0	99	586
J	O_2	2,6	17	21	29
	H_2O	3,4	5,4	9,5	14
	CO_2	2,5	2,1	4,3	8,4
	SO_2	5,2	13	45	32
L	O_2	6.0	7,4	19	29
	H_2O	2,4	5,8	20	33
	CO_2	2,4	7,6	29	30
	SO_2	4.5	5,5	8,2	14
N	O_2	11	11	27	57
	H_2O	2,4	5,0	61	175
	CO_2	3,9	11	33	59
	SO_2	14	17	19	26
P	O_2	1,7	3,4	13	18
	H_2O	1,0	2,7	9,3	15
	CO_2	1,2	2,2	5,5	5,8
	SO_2	3,8	6,0	12	24
Q	O_2	0,3	0,5	2,0	45
	H_2O	1,0	3,1	3,7	28
	CO_2	1,5	1,5	3,2	9,2
	SO_2	2,0	4,0	5,4	8,3
R	O_2	2,4	4,9	7,6	18
	H_2O	2,3	3,0	14	14
	CO_2	4,1	4,4	5,5	11
	SO_2	3,3	50	556	911

sehr guten Korrosionsschutz erreicht man mit einem Stahl, der 23 % Chrom und 3 % Aluminium und Silicium enthält.

C. Aluminium und Magnesium

Aluminium ist das Metall, dessen Anwendung in den letzten Jahrzehnten um das Vielfache stärker angestiegen ist als es bei irgendeinem anderen Metall der Fall war. Aus diesem Grunde ist das Aluminium besonders ausführlich behandelt. Ein wesentliches Problem bei der gesteigerten Verwendung ist beim Aluminium in hohem Maße das Korrosionsverhalten. Die außerordentliche Vielseitigkeit der hierbei auftretenden Fragen läßt erkennen, daß dieses Buch keinesfalls als kurze Gebrauchsanweisung zur Korrosionsverhütung angesehen werden darf, sondern daß nur an Hand ausgewählter Beispiele Richtlinien für die Behandlung von Korrosionsfragen gegeben werden können.

1. Erzeugung und Verbrauch von Aluminium (K. S. 422)

Ein Blick auf die Entwicklung der Gesamtproduktion von Hüttenaluminium in den letzten 50 Jahren läßt die wachsende Bedeutung dieses Leichtmetalls im Wirtschaftsleben der Völker erkennen. 1901 wurden rd. 7500 mt Aluminium hergestellt. Im Jahre 1952 belief sich die Aluminiumproduktion der westlichen Welt auf 1 773 700 mt. Für die Ostblockstaaten wird eine Produktion von 260 000 mt angegeben. Die Anwendung verbesserter Raffinationsverfahren, die Herstellung neuer Aluminiumlegierungen und die vertiefte Kenntnis der chemischen, physikalischen und technologischen Eigenschaften haben dem Aluminium bei günstiger preislicher Entwicklung immer neue Verwendungsmöglichkeiten auf den verschiedenen Gebieten erschlossen, für die im einzelnen beispielsweise sein geringes spezifisches Gewicht oder das gute Wärme- und elektrische Leitvermögen, die leichte Verarbeitbarkeit, sein ansprechendes Aussehen, seine vielfach ausgezeichnete Beständigkeit gegenüber verschiedenen chemischen Einflüssen, die Ungiftigkeit und Farblosigkeit seiner Salze maßgebende Faktoren sind.

Für den Aluminiumverbrauch pro Kopf der Bevölkerung in Kilogramm ergibt sich auf Grund der statistischen Angaben für die Länder Deutschland, Frankreich, Großbritannien, Italien, Kanada und den USA folgendes Bild:

1937 war der Aluminiumverbrauch in Deutschland mit 1,9 kg pro Kopf der Bevölkerung höher als in den übrigen angegebenen Ländern. Nach dem Kriege hat sich das Bild zuungunsten Deutschlands (Bundesrepublik) verschoben, da hier 1952 die alte Verbrauchszahl überhaupt erstmalig wieder erreicht wurde, während der Aluminiumverbrauch in den anderen Ländern um ein Vielfaches angestiegen ist (K. S. 422).

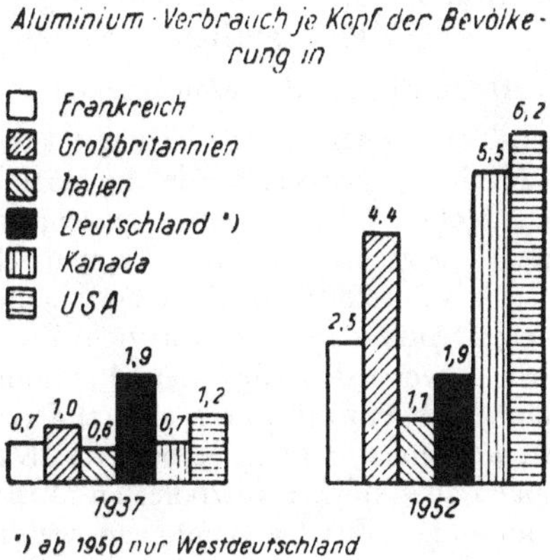

Abb. 29
Aluminium-Verbrauch je Kopf der Bevölkerung in kg (K. S. 422)

2. Aluminium unter atmosphärischen Bedingungen

An der Luft bedeckt sich Aluminium mit einer gut haftenden schützenden Oxydhaut, so daß hierdurch ein wirksamer Schutz stattfindet. Aluminiumdächer haben daher die günstige Eigenschaft, auch bei anfänglicher Korrosion durch Regenwasser sich allmählich mit einem Oxydhautüberzug zu versehen, dessen Schutz im Laufe der Zeit immer besser wird. Die vielen Stoffen gegenüber bestehende bemerkenswerte Beständigkeit verdankt das Aluminium der Schutzwirkung eines veredelnden dünnen Oxydhäutchens. Frisch angeschnittenes Aluminium bedeckt sich an der Luft fast augenblicklich mit Oxyd, wenn auch die Endstärke der Oxydhaut erst nach längerer

Zeit, und zwar mit abnehmender Bildungsgeschwindigkeit, erreicht wird. Die Filmdicke ist von den jeweiligen Bedingungen abhängig. Unter den im Raum herrschenden Verhältnissen wurden Endwerte von 0,01—0,02 μ*) bestimmt, bei Einwirkung von trockenem Sauerstoff betragen sie 0,02—0,04 μ und bei einer Wärmebehandlung des Metalls werden in besonderen Fällen Werte von 0,1 μ Dicke erreicht (K. S. 423).

3. Schutz von Aluminium und Aluminiumlegierungen gegen Flüssigkeiten

a) Durch Metallzusammensetzung

Aluminium wird mit zunehmender Reinheit korrosionsfester, so daß, wie bereits auf Seite 16 gesagt wurde, die herstellende Industrie die Reinheit des Metalls immer weiter gesteigert hat. Wie die Tabelle auf Seite 16 zeigt, ist die Korrosion von sehr reinem Aluminium in starker Salzsäure 30 000mal kleiner als die Korrosion von stark verunreinigtem Aluminium. Die für viele Zwecke ungenügenden mechanischen Eigenschaften des Reinaluminiums haben dazu geführt, daß man durch Hinzulegieren von anderen Metallen wie Kupfer die Festigkeitseigenschaften verbesserte. Da die so hergestellten Legierungen aber stärker korrodierten als das reine Metall, hat man wiederum andere Zusätze genommen, welche die Korrosion verhüten. Diese Zusätze wirken je nach den angreifenden Bedingungen und den sonstigen Beimengungen verschieden (K. S. 423—427).

Die sich auf Legierungen bildende Oxydhaut ist naturgemäß weniger kontinuierlich als auf reinem Metall. Sie schließt Fremdmetallteilchen ein, an denen ein Angriff dann eher einsetzen kann. Elemente in fester Lösung bedeuten eine geringere Gefahr. Bei Aluminium-Magnesium-Legierungen wurde beobachtet, daß ein beträchtlicher Anteil Magnesiumoxyd sich am Aufbau der Oxydschicht beteiligt, was sich in speziellen Fällen (gegen Seewasser und andere chloridhaltige Lösungen) als besonders nützlich erweisen kann (K. S. 424). Als die Schutzwirkung des Films beeinträchtigende Unstetigkeitsstellen in der Oxydhaut wirken sich Kratzer, Schrammen, Porigkeit des Films sowie auch Poren und Lunker im Metall nahe

*) $1\ \mu = \frac{1}{1000}$ mm

der Oberfläche aus. Auch ein Aufrauhen durch Bürsten oder Schleifen ist für die Beständigkeit nicht günstig, obwohl der Angriff in diesem Fall gleichmäßig auf der Oberfläche erfolgt. Ein Polieren kann die Angriffsmöglichkeit vermindern, sofern nicht Lunker oder andere Vertiefungen erst durch diese Behandlung zutage treten (K. S. 424).

Das Vorhandensein edlerer Fremdmetalle an der Aluminiumoberfläche ist besonders gefährlich, da diese einerseits ja eine gleichmäßige Oxydhautausbildung verhindern, zum anderen bei Zutritt eines Elektrolyten zur Lokalelementbildung führen. Solche Fremdmetallteilchen können mechanisch in die Oberfläche eingepreßt oder auf dieser auszementiert sein, oder sie können auch von einer zur Oberfläche hin zunehmenden Anreicherung an Legierungsbestandteilen bzw. Verunreinigungen herrühren. Eine gleichmäßige Verteilung von Legierungsbestandteilen beeinträchtigt die Widerstandsfähigkeit des Metalls in viel geringerem Maße (K. S. 424). Je reiner das Aluminium ist, um so widerstandsfähiger verhält es sich unter sonst gleichen Bedingungen — es sei denn, daß spezifisch wirkende Zusätze die Beständigkeit des Leichtmetalls in besonderen Fällen erhöhen, wie das beispielsweise für einen Gehalt von Magnesium gegenüber alkalischen oder kochsalzhaltigen Lösungen zutrifft. Außerdem besitzt Mangan die Fähigkeit, die Angreifbarkeit des Metalls durch Chlorionen zu verringern sowie Eisen in Form der sich bildenden $MnAl_6$-Verbindung in fester Lösung aufzunehmen und auf diese Weise dessen korrosionsfördernde Wirkung zu vermindern (K. S. 424).

Im besonderen wird die Widerstandsfähigkeit des Aluminiums durch die häufig auftretenden Beimengungen Eisen und Kupfer vermindert. Da Eisen in größeren Mengen als Kupfer im Aluminium enthalten ist, wird es aus diesem Grunde als die gefährlichere Verunreinigung angesehen. Infolge der geringen Löslichkeit des Eisens in Aluminium (es sind nur etwa 0,005 % bei 500° löslich) liegt es zumeist heterogen — in Form von gegenüber Aluminium edlerem $FeAl_3$ — vor; daher wird sein Verhalten durch eine homogenisierende Wärmebehandlung nicht beeinflußt. Wenn auch im einzelnen abhängig von dem einwirkenden Medium, genügen doch meist schon geringe Eisengehalte, um die Widerstandsfähigkeit von Aluminium hohen Reinheitsgrades erheblich herabzusetzen (gegenüber Permutitwasser und oxydischer Kochsalzlösung wird als Toleranz 0,07 % Eisen angegeben, bei Einwirkung von Soda liegt diese sogar unter 0,014 %). Im gleichen Sinne wirkt sich im allgemeinen auch ein zunehmender Eisengehalt bei den Legierungen des Aluminiums aus. Eine Ausnahme wurde bei Aluminiumlegierungen mit 3 % Magnesium ($AlMg_3$-Legierung) festgestellt: für diese fallen unterschiedliche Eisenwerte im Bereich von 0,01—0,4 % nur wenig ins Gewicht. Weiterhin versagt bei eisenhaltigen $AlMg_3$-Legierungen nach neueren Untersuchungen die Fähigkeit des Mangans, Eisen im Aluminium in korrosionschemischer Hinsicht unschädlich zu machen; vielmehr verhalten sich diese Legierungen bei gleichzeitiger Anwesenheit von Mangan unbeständiger (K. S. 425).

Eine vergleichende Gegenüberstellung der Beeinflußbarkeit der Beständigkeit von Aluminium 99,998 durch gleiche Zusätze an Eisen und Kupfer ergibt bei geringen Gehalten dieser Elemente einen um ein Vielfaches stärkeren Einfluß des letzteren (0,1 % Eisen zu 99,998%igem Aluminium vermehrt dessen Lösungsgeschwindigkeit in 2 n-Salzsäure um das 160fache, 0,1 % Kupfer zu dem gleichen Werkstoff dagegen um das 1600fache); bei ansteigenden Kupfer- und Eisenwerten nimmt dagegen der Einfluß des Eisens zu. Versuche in 2 n-Salzsäure erbrachten eine Verminderung der durch Kupferzusatz bedingten Korrosionsanfälligkeit von Reinstaluminium bei gleichzeitiger Anwesenheit von Cadmium oder Silicium. Auch Chrom wird eine korrosionsvermindernde Wirkung auf Aluminium-Magnesium-Silicium-Legierungen, die aus Festigkeitsgründen Kupfer enthalten, zugeschrieben (K. S. 424—426).

Ein Schutz durch eine Änderung der Zusammensetzung von Aluminiumlegierungen kann auch darin erblickt werden, daß man Plattierungen aufbringt, deren Zusammensetzung auch dann noch einen Schutz des Grundmetalls verbürgt, wenn die Deckschicht unterbrochen ist. Der Grundwerkstoff wird erst dann angegriffen, wenn die Deckschicht abgetragen ist. Ein derartiger elektrochemischer Schutz wird als Fernschutz bezeichnet (K. S. 431).

Einen Überblick über die wichtigsten Aluminiumlegierungen mit Angabe der Zusammensetzung, Verwendungsmöglichkeiten, sowie der Zugfestigkeit, Bruchdehnung und Brinellhärte gibt das deutsche Normblatt DIN 450 907.

b) Schutz des Aluminiums durch Verstärkung der schützenden Oxydhaut

Man kann durch Oxydation die Oxydhaut des Aluminiums verstärken, was eine erhöhte Korrosionsfestigkeit zur Folge hat. Ähnlich wie bei der Parkerisierung des Eisens (Erzeugung einer schützenden Phosphatschicht S. 72) liefern die so erzeugten Schichten einen besonders geeigneten Untergrund für das Aufbringen von Anstrichen und Lacken bzw. können im Fall des Aluminiums direkt eingefärbt werden, da die Schicht in frischem Zustand sehr porig ist. Durch geeignete Nachbehandlungen können die Poren geschlossen werden, wodurch die Schicht sehr hart und widerstandsfähig wird (K. S. 431).

Man nimmt beim Aluminium die Oxydation entweder chemisch oder elektrisch vor. Die elektrische Oxydation ist unter der Bezeichnung Eloxalverfahren bekannt. Als Elektrolyte dienen Oxalsäure und Schwefelsäure sowie Mischungen dieser Säuren. Eine von Eloxalverfahren abweichende elektrische Oxydation von Aluminiumoberflächen geht von einer 3%igen Chromsäurelösung aus. Die Dicke der Eloxalschicht beträgt, abgesehen von Spezialfällen, etwa 10 bis 30 μ.

Die große Dicke der auf elektrischem Wege hergestellten Schichten ist darauf zurückzuführen, daß die benutzten sauren Bäder imstande sind, die entstandenen Oberflächenoxyde wieder aufzulösen, so daß immer tiefere Schichten des Metalls der Oxydation zugänglich werden. Ein wirklicher Korrosionsschutz der Eloxalschicht wird erst erreicht, wenn die Lücken in der Schicht durch irgendeine Nachverdichtung geschlossen werden (Kaliumbichromatbehandlung, Quellen in siedendem Wasser, Tränken mit neutralen organischen Stoffen). Vor der Nachdichtung kann man die Schicht, da sie infolge der Porosität saugfähig ist, färben.

Unter den chemischen Tauchverfahren steht das sogenannte MBV-Verfahren (Modifizierte Bauer-Vogel-Verfahren) im Vordergrund (K. S. 431). Das Metall wird in heiße Soda-Chromatbäder eingetaucht. Der Korrosionsschutz wird noch dadurch verbessert, daß man eine Nachverdichtung in Wasserglaslösung ausführt. Man kann z. B. so arbeiten, daß man 60 g MBV-Salz in 1 Liter auflöst und die zu behandelnden Gegenstände 5—10 Minuten eintauchen läßt, wobei sich eine schiefergraue gleichmäßige Schutzschicht bildet, die ebenso wie die Eloxalschicht eine gute Verankerungsgrundlage für Lacke ist. Gegen folgende Lösungen wird die MBV-Schicht mit oder ohne Nachverdichtung als beständig bezeichnet (B. III S. 506): Kochsalzlösungen, Seewasser, Permutitwasser, Alkohol-Wassergemische jeder Konzentration, Benzin-Alkoholgemische, viele Spirituosen und Fruchtsäfte, sauer gewordenes Bier (Transportfässer), Sauermilch, Joghurt, Salzheringslake, Sauerkraut, Entwicklerlösungen, Wasserstoffperoxyd, Kupferkalkbrühe, Kupfervitriol, Karbidschlamm, Lösungen von Natriumbisulfat, Calciumsulfat, Natriumsulfat, Calciumchlorid, Zinkchlorid, Magnesiumchlorid (die letztgenannten unter bestimmten Bedingungen), verschiedene Zahnpasten und Bleiarsenat.

Das MBV-Verfahren ist nur für Aluminium und seine kupferfreien Legierungen geeignet. Ebenfalls für kupferhaltige Aluminiumwerkstoffe geeignet ist das sogenannte EW-Verfahren, eine Weiterentwicklung des MBV-Verfahrens. Der Unterschied besteht darin, daß zum Eintauchbad noch eine geringe Menge von Wasserglas zugegeben wird. Dadurch löst sich das Aluminium weniger auf, und es wird Chromhydroxyd und Wasserglas in die Schutzschicht eingebaut. Die dichten und glatten EW-Schichten sind heller als die MBV-Schichten und bewirken besonders bei Al-Legierungen einen stärkeren Korrosionsschutz als die MBV-Schichten.

c) Bedecken von Aluminium mit einer Fremdmetallschicht (K. S. 567)

Trotz der Schwierigkeit, auf Aluminium gut haftende korrosionsbeständige metallische Überzüge zu erhalten, hat man zur Lösung dieser wichtigen Aufgabe große Anstrengungen gemacht, die zum größten Teile in zahlreichen Patentschriften niedergelegt sind. Da die Oxydschicht bei der galvanischen Abscheidung stört, beruht eine Gruppe von Verfahren darauf, daß man zunächst die Oxydschicht entfernt und dann so schnell eine Metallschicht erzeugt, daß sich keine Oxydhaut wieder bilden kann. Als Haftgrundlage für die endgültigen Schichten werden vielfach zunächst Zwischenschichten, beispielsweise aus Zink und Eisen, aufgetragen. Vor einer Versilberung wird ein Milchsäurebad empfohlen oder man macht Zusätze von Kohlehydraten, wie Rohrzucker, Invertzucker, Maltose und Laktose oder man nimmt andere Stoffe wie Hydrochinon und Pyrogallol. Ein ganz anderer Weg besteht darin, daß man das Aluminium in eine Kupferchloridschmelze taucht, bis sich mit oder ohne Stromwirkung ein Kupferüberzug gebildet hat. Diese wenigen Beispiele lassen jedenfalls die Verschiedenheit der zur Erreichung einer Aluminiumveredlung gemachten Anstrengungen erkennen.

d) Weitere Schutzverfahren

Die neuere Entwicklung geht auch auf eine verbesserte Anwendung der Anstriche zur Erhöhung der Korrosionsbeständigkeit des Aluminiums hinaus. Die Anstriche können entweder nach geeigneter chemischer oder elektrolytischer Vorbehandlung der Oberfläche zur Erhöhung der Haftfestigkeit aufgebracht werden oder neuerdings in vereinfachter Weise durch Grundierung mit den sogenannten „washprimers", die sich am besten bewährt haben, wenn sie Zinkchromat bzw. -tetraoxychromat und Polyvinylbutyrat in isopropyl- oder butylalkoholischer Phosphorsäure enthalten. Sehr vielversprechend sind auch die Arbeiten über die Aufbringung von korrosionsschützend wirkenden, bleifreien, insbesondere glasähnlichen Email-Überzügen (K. S. 431).

e) Verwendbarkeit des Aluminiums — einige ausgewählte Beispiele

In der chemischen und Nahrungsmittelindustrie findet Aluminium wegen seiner in vieler Hinsicht ausgezeichneten Beständigkeit eine sehr vielseitige Verwendung. Hierbei ist insbesondere hinzuweisen auf die Verwendung des Aluminiums zur Lagerung, Handhabung bzw. Verarbeitung von konzentrierter Salpetersäure, Wasserstoffsuperoxyd, Düngemitteln, destilliertem Wasser, Gasen wie Stickstoff, Sauerstoff u. dgl., Essigsäure, Essigsäureanhydrid, Fettsäuren, Glycerin, Formaldehyd, Gelatine, Kunstharzen und Kunststoffen, Petroleum, Steinkohlenteer, Pharmazeutika, kosmetischen Präparaten, als Haushaltsgeräte in der Milchwirtschaft, der Konserven- und Genußmittelindustrie, unter eingeschränkten Bedingungen bezüglich der Werkstoffzusammensetzung (magnesiumhaltiges Aluminium) für Schiffsaufbauten, in der Fischverwertungs- und Salinenindustrie (bevorzugt manganhaltiges Aluminium) im Bauwesen als gegen atmosphärische Einwirkung besonders beständiger Werkstoff und für viele andere Zwecke mehr (K. S. 443).

4. Magnesium

Das gegenüber dem Aluminium etwa um ein Drittel leichtere Magnesium oxydiert sich zwar an der Oberfläche ebenso stark wie Aluminium, aber die Magnesiumoxydschicht ist nicht dicht genug, um die Korrosion wirksam zu verhindern. Dagegen sind Magnesium und seine Legierungen im Gegensatz zu Aluminium in alkalischen Lösungen, wie Natron- und Kalilauge, in reinen Natriumcarbonat- und Seifenlösungen widerstandsfähig. Verdünnte Alkalien greifen auch bei Siedetemperatur nicht an. Höher konzentrierte Lösungen (bis 50%ige) sind noch bei Temperaturen bis 60° ohne Wirkung, während eine weitere Temperaturerhöhung zu einem Angriff auf das Metall führt. Magnesium wird dagegen von Mineralsäuren unter Wasserstoffentwicklung angegriffen. Flußsäure nimmt hierbei eine Ausnahmestellung ein, da eine sich bildende Magnesiumfluoridschicht die Einwirkung praktisch verhindert. Nur bei niedrigen Flußsäurekonzentrationen können örtliche Anfressungen auftreten. Die Beständigkeit des Magnesiums gegenüber Flußsäure ist für seine technische Verwendbarkeit als Werkstoff zur Lagerung und Handhabung der konzentrierten Säure von großem Interesse (K. S. 446).

Bei nicht hinreichender Beständigkeit der Magnesiumwerkstoffe sind häufig geeignete Maßnahmen zur Verhütung schädigender Einwirkung und zur Erweiterung des Anwendungsbereiches erforderlich. Als solche kommen korrosionshemmende bzw. -vermindernde Zusätze (Chromate, Alkalifluoride, Alkalisulfide) zum einwirkenden Medium oder die Aufbringung eines Oberflächenschutzes in Betracht (K. S. 449).

Metallische Überzüge hatten bislang keine Bedeutung, da das Magnesium bei eintretender Undichtigkeit des Überzuges infolge seines unedlen Charakters einer verstärkten Korrosion ausgesetzt ist. Diesem Übelstand soll nach einem neueren Verfahren durch Aufbringung einer Zinkzwischenschicht begegnet werden. Am gebräuchlichsten ist die Oberflächenbehandlung des Metalls auf chemischem oder elektrochemischem Wege, doch müssen die erhaltenen Schichten zur Erhöhung ihres oft noch unzulänglichen Schutzes nachbehandelt werden, meist durch Aufbringung von Anstrichen oder Lacküberzügen, für die die Schichten durch ihre Porosität an sich einen ausgezeichneten Haftgrund darstellen (K. S. 449).

Ein Teil der chemischen Verfahren arbeitet mit Alkalichromat, häufig unter Zusatz von Salpetersäure oder — zur Vermeidung zu starker Beizwirkung — von Alaun oder Magnesiumsulfat. Chromatfreie Verfahren wenden beispielsweise selenige Säure oder arsenhaltige Lösungen, ggf. auch nach geeigneter Vorbeizung mit fluorhaltigen Salzen oder Phosphaten, Titanaten o. dgl. an. Die anodische Behandlung von Magnesium wird zum größeren Teil in alkalischen Bädern entweder ohne Zusätze zur Natronlauge oder unter Zugabe von Fluoriden, Silikaten oder einem Gemisch von verschiedenen Stoffgruppen vorgenommen. Auch chromhaltige, evtl. schwachsaure Bäder, sind für die elektrolytische Oxydation in Anwendung. Die anodischen Schichten bedeuten an sich in korrosions-chemischer Hinsicht einen Fortschritt gegenüber den chemischen Verfahren, doch ist ihre Schutzwirkung den entsprechenden Schichten auf Aluminium nicht gleichzusetzen. Infolge der Kostspieligkeit einer solchen Oberflächenbehandlung wendet man sie nur für hochwertige Magnesiumerzeugnisse an. Im übrigen sind die als Nachbehandlung aufzubringenden Lacküberzüge und Anstriche auf die Art der erzeugten Schichten wie auf die Zusammensetzung des vorliegenden Magnesiumwerkstoffes abzustimmen (K. S. 449).

D. Kupfer und Kupferlegierungen

1. Kupfer

Das Kupfer ist von den preiswerten und in großen Mengen benutzten Metallen am edelsten, so daß es verhältnismäßig wenig korrodiert und daher auch geringere Korrosionsschutzmaßnahmen erfordert. Oxydierende Substanzen, wie Luftsauerstoff, greifen Kupfer an, so daß hier die Schutzmaßnahmen eine Entfernung des Sauerstoffs von der Kupferoberfläche bezwecken. Auch die leichte Angreifbarkeit durch Salpetersäure ist ein Zeichen für die Neigung, gegen oxydierende Einflüsse unbeständig zu sein. Besonders empfindlich ist Kupfer gegen Ammoniak. Im Nahrungsmittelgewerbe wird Kupfer vielfach benutzt. In der Zuckerindustrie, im Brauereigewerbe und in der Molkerei findet man Kupfer als verbreiteten Werkstoff.

Neben einer gleichmäßigen und bei Schutzschichtbildung abnehmenden Auflösungsgeschwindigkeit besteht bei Kupfer auch noch die beachtenswerte Form einer beschleunigten Auflösung, die bei den anderen Metallen nicht vorkommt. Für die Kurven der Auflösungsgeschwindigkeit, dargestellt als Gesamtgewichtsverlust gegen die Zeit, ergeben sich für Kupfer und seine Legierungen drei charakteristische Kurvenformen, die in Abb. 30 schematisch dargestellt sind.

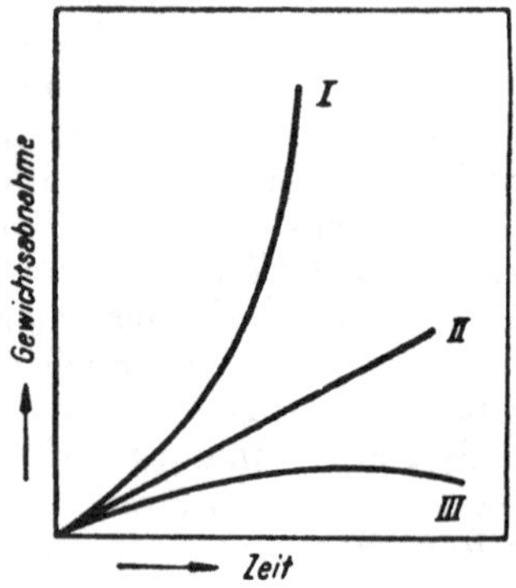

Abb. 30. Die verschiedenen Kurvenformen der Auflösungsgeschwindigkeit von Kupfer:
I beschleunigte Gewichtsabnahme,
II gleichmäßige Gewichtsabnahme,
III verzögerte Gewichtsabnahme
(K. S. 258)

Die Kurvenform I der beschleunigten Gewichtsabnahme herrscht vor in anorganischen und einigen organischen Säuren, sowie in schwachsauren gepufferten Chloridlösungen, in technischen Salzlösungen der Chloride und Sulfate (sog. Hartsalzlösung der Kali-Industrie), wenn sie sauer gepuffert sind und in ammoniakalischen Ammonsalzlösungen. Die Beschleunigung in der Auflösungsgeschwindigkeit tritt nur unter den Bedingungen auf, unter denen lösliche Korrosionsprodukte entstehen und sich die Kupferionen-Konzentration erhöht (K. S. 258).

Die Kurvenform II mit gleichmäßiger Geschwindigkeit wird für die anorganischen Säuren wie Schwefelsäure, Salpetersäure und Phosphorsäure bei Gegenwart eines starken Oxydationsmittels, für die organischen Säuren Ameisensäure, Essigsäure, Propionsäure, für sauer gepufferte Salzlösungen von Sulfaten, Acetaten, Nitraten und bei den alkalisch gepufferten Chloridlösungen der Alkalien, des Magnesiums bzw. in den technischen Salzlösungen der Kaliindustrie, wenn diese neutral oder alkalisch gepuffert sind, gefunden (K. S. 259).

Zwischen der Kurvenform I und II bestehen Übergangsformen mit gradmäßigen Unterschieden, wie z. B. in n/2 Na_2SO_4-Lösungen (pH unter 5), bei denen eine leichte Zunahme mit der Zeit beobachtet wird. Für die Kurvenform III mit einer mit der Zeit abnehmenden Auflösungsgeschwindigkeit infolge wirksamer Schutzschichtbildung ist z. B. Natriumphosphatlösung (pH 4,5) ein typischer Vertreter (K. S. 259).

Die Höhe des Angriffs durch anorganische und organische Säuren hängt entscheidend von der Anwesenheit von Oxydationsmitteln und deren Konzentrationen ab; Lösungen der nicht oxydierenden Säuren, die keinen oder wenig Sauerstoff enthalten, haben geringe Wirkung, unabhängig von ihrer Konzentration; bei Luftgegenwart ist die Auflösung direkt proportional der Sauerstofflöslichkeit, bei ruhenden Lösungen abhängig vom Durchtritt des Sauerstoffs durch die Flüssigkeitsoberfläche. Bei verschiedenen Sauerstoffgehalten der Gasphase nimmt die Auflösung proportional der Steigerung des Sauerstoffgehaltes zu wie in der Abb. 31 für Salzsäure, Essigsäure, Schwefelsäure in Abhängigkeit von der Zusammensetzung des durch die Lösung perlenden Gases gezeigt ist (K. S. 259).

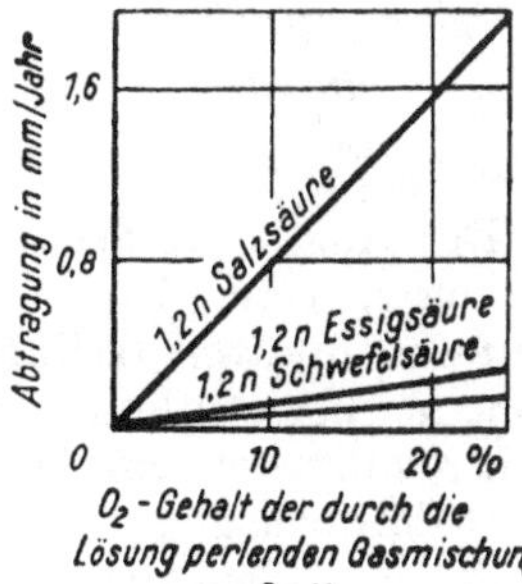

Abb. 31. Wirkung des in verdünnten Säuren gelösten Sauerstoffs auf die Abtragung des Kupfers bei Raumtemperatur in 24 Stunden. (K. S. 259)

2. Messing

Die Beständigkeit in Wasser hängt vom Gehalt des Wassers an Salzen, Gasen und organischen Stoffen und von einer Schutzschichtbildung ab. Die Messinge zeigen meist eine gute Beständigkeit mit

Abtragungen von 0,06 bis 0,6 g/m² Tag. Höhere Gehalte an freier Kohlensäure erhöhen den Angriff, der bei den höher zinkhaltigen Legierungen von Entzinkung begleitet wird. Die Rotmessinglegierungen, gegebenenfalls mit Zinnzusatz, werden vielfach verwendet. Bei Wassersteinbildung in harten Wässern können bei höheren Temperaturen infolge schlechter Haftung Störungen erwartet werden. Kondensate geben kaum eine Abtragung (unter 0,3 g/m² · Tag); sie kann aber wirksam werden bei Luftzutritt, Kohlensäuregehalten oder bei Anwesenheit von Ammoniak. Gegen überhitzten Dampf ist Messing bis etwa 300° beständig (K. S. 284).

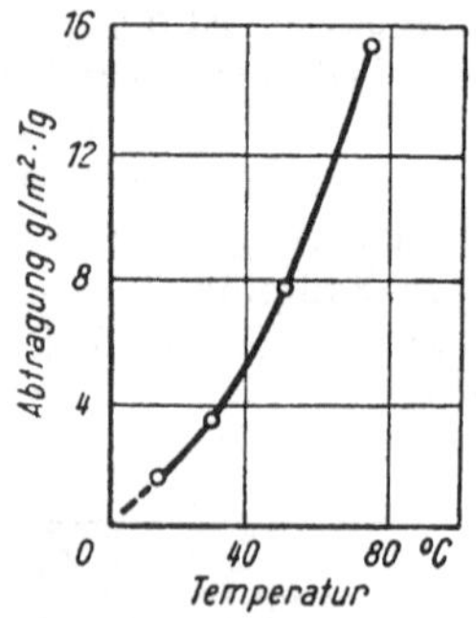

Abb. 32. Einfluß der Temperatur auf die Abtragung von Admiralitätsmessing (70 % Kupfer, 30 % Zink) in 3 %iger Kochsalzlösung (K. S. 285)

Der Angriff im Seewasser ist im Durchschnitt gering (zwischen 0,2 bis 2,4 g/m² · Tag), kann aber auch größer werden und schwankt mit den örtlichen Bedingungen. Bis 65 % Kupfer wird allgemein eine geringe Auflösung, für die darunter liegenden Legierungen, wie Muntzmetall, eine höhere Auflösung von 5 g/m² · Tag und mehr (mit Entzinkung) gefunden. Der Angriff nimmt mit der Temperatur stark zu, wie aus der Abb. 32 ersichtlich ist (K. S. 285).

3. Aluminiumbronzen

Die Aluminiumbronzen sowohl als binäre Legierungen als auch als Mehrstofflegierungen mit Eisen-, Nickel-, Mangan- oder Zinn-Zusätzen sind wegen ihrer erhöhten Beständigkeit gegenüber den meisten Reagenzien und wegen ihrer besonderen mechanischen

Eigenschaften in der Praxis von Bedeutung geworden. Allgemein sind sie noch beständiger als die Zinnbronzen infolge der vom Aluminiumzusatz ausgehenden Fähigkeit zur Schutzschichtbildung. Die Schutzschichten, die sich sowohl in Salzlösungen als auch in Gasen in der Hitze bilden, besitzen außerdem die wertvolle Eigenschaft der Selbstausheilung bei Verletzung. Diese Bronzen finden eine Reihe von Anwendungen bei Teilen für Ventile, Pumpen, Filter, Siebe u. a. auf dem Gebiete der Säurebehandlung, als Vorwärmerrohre in verdünnten und konzentrierten Salzlösungen und auch gegen Zunderbeanspruchung. Auf diesen Anwendungsgebieten haben sich die Aluminiumbronzen vor den Zinnbronzen recht weitgehend durchsetzen können. Nachteilig ist die nicht völlige Freiheit von örtlicher Korrosion bei nicht einheitlicher Schichtbildung infolge von Einschlüssen oder eine wenn auch seltener beobachtete Neigung zur Korngrenzenkorrosion und Spannungskorrosion nach Kaltverformung oder bei im Betrieb auftretenden Spannungen (K. S. 287 bis 288).

4. Silicium- und Manganbronzen

Das Zulegieren von bis zu 4 % Silicium und einer zweiten Komponente wie Mangan oder weniger häufig Zink ergibt eine kupferreiche Werkstoffreihe mit verbesserten Korrosionseigenschaften infolge der Fähigkeit zur Schutzschichtbildung. Die Verbesserung ist deutlicher bei den Zunderungsbeanspruchungen als bei der Korrosion in Lösungen. In den USA und in England hat diese Entwicklung mit Werkstoffen unter der Bezeichnung Everdur, Olympic-Metal, Cusiloy oder Herculoy einen größeren Raum eingenommen als in Deutschland mit Vertretern wie Sicudur, Cuprudur und den Isima-Walz- und Gußbronzen u. a., wo diese Legierungen infolge höherer Festigkeit hauptsächlich zur Einsparung von Reinkupfer gedient haben, z. B. Badeofenkörper.

5. Nickel-Kupferlegierungen

Nickel ist in Kupfer in allen Konzentrationsverhältnissen löslich und bestimmt schon bei wenigen Prozenten die Farbe der Legierungen, die der des Nickels ähnelt. Die handelsmäßigen Legierungen umfassen einen weiten Nickelbereich; die gebräuchlichsten für Korrosionsbeanspruchung liegen im Bereich von 20 und 30 % Nickel mit möglichen Zusätzen von Eisen, Mangan, Zinn, Zink oder Aluminium. Die für Widerstandszwecke verwendeten Legierungen haben einen höheren Nickelgehalt von über 40 %. Die gute Beständigkeit in vielen Mitteln, auch in Seewasser, hat trotz einer bestehenden Empfindlichkeit gegen örtlichen Angriff ihnen gebietsweise eine größere Anwendung erschlossen, hauptsächlich für Kondensator- und

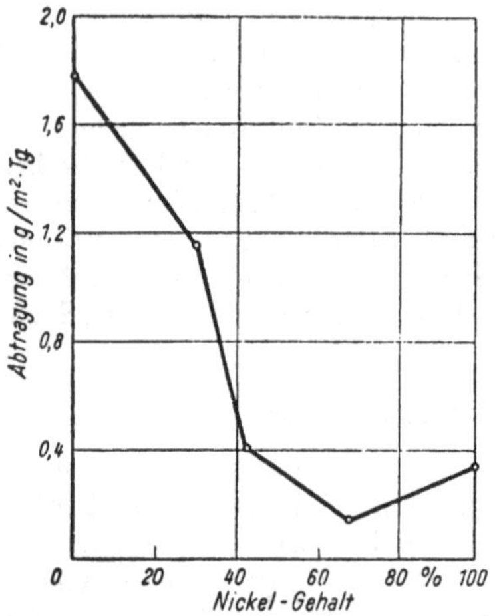

Abb. 33. Wirkung des Nickelzusatzes auf die Abtragung der Nickel-Kupfer-Legierung in fließendem Seewasser (0,45-0,9 m/sec) bei etwa 20° nach 497 Tagen

Vorwärmerrohre. Andererseits stehen ihrer Verwendung ein höherer Preis und der Mangel an Nickel in den letzten drei Jahrzehnten entgegen. Die Vielzahl der neueren Untersuchungen ist daher im Ausland durchgeführt worden. Ihre Anwendung in USA und England liegt mit dem Hauptgewicht im Schiffskondensatorbau; in Deutschland sind die Nickel-Kupfer-Legierungen erfolgreich gegen Aluminiummessinge und für stärkere Salzlösungen durch Aluminiumbronzen ausgetauscht worden. Ihre Beständigkeit gegen Ätzalkalien gibt ihnen in dieser Industrie an Stelle von Reinnickel eine Anwendungsmöglichkeit. Die Spannungsempfindlichkeit der Legierung 70/30 ist stark herabgesetzt gegenüber den anderen Kupferlegierungen und besteht nur in Ammoniumhydroxydlösungen. Die die Korrosionsbeständigkeit verbessernde Wirkung des Nickelzusatzes zum Kupfer am Beispiel des Seewassers geht aus der Abb. 33 hervor.

Die Werte beziehen sich auf strömendes Seewasser bei 20°, 497 Tagen und 2/3 eingetauchten Proben. Die Verbesserung gegen Kupfer ist besonders auffällig in Ätzalkalien, z. B. in n-Natronlauge bei Kupfer-Nickel 70/29 mit 1 % Zinn (Admiralitätsnickel) mit 15- bis 100facher Verbesserung je nach den besonderen Bedingungen. Eine wesentliche Verbesserung gegenüber Seewasser ist durch geringe Eisenzusätze zu Kupfer-Nickel 30 und Kupfer-Nickel 10 erreicht worden (K. S. 290).

6. Zink

Zink besitzt allgemein einen recht geringen Korrosionswiderstand gegen chemische Beanspruchungen. Trotzdem gibt es aber ausgedehnte Anwendungsgebiete gegenüber schwacher Korrosionsbeanspruchung. Die Anwendung und die Korrosion des Zinks und der Zinklegierungen wird durch die natürliche Fähigkeit zur Schutzschichtbildung und der Möglichkeiten dazu unter den besonderen Bedingungen von Fall zu Fall beherrscht. Nur unter diesen Gesichtspunkten der Schutzschichtbildung sind das eigenartige Verhalten und die besonderen Erscheinungen bei der Zinkkorrosion zu verstehen und zu einer Systematik zu führen. Die Anwendungsgebiete liegen nicht im Bereich der sauren oder stark alkalischen Lösungen und demnach nicht im chemischen Apparatebau, sondern in der Eignung für die schwächeren Beanspruchungen der atmosphärischen und Wasserkorrosion. Das Zink findet Anwendung als Legierung für Beschläge, Armaturen und als Oberflächenschichten zum Schutz des Eisens. Bei diesen Anwendungen erzielt der Werkstoff Zink beachtliche Beständigkeiten, die seine bevorzugte Anwendung begründeten und den erfolgreichen Austausch von Messinglegierungen zeitweise ermöglicht haben (K. S. 229).

Die Abtragung des Zinks vollzieht sich sowohl in den stärker sauren als auch alkalischen Bereichen unter Wasserstoffentwicklung. In dem dazwischen liegenden Gebiete im Bereich der pH-Werte von 7—12,5 kann das Zink als praktisch beständig auf Grund entstehender Schutzschichten gelten. Die Verhältnisse der Auflösung werden am besten durch die Abb. 34 am Beispiel von Salzsäure und Natronlauge in Abhängigkeit von der pH-Zahl gekennzeichnet.

Die Auflösung in Laugen beruht auf der Fähigkeit des Zinks mit starken Laugen, besonders in der Wärme, Wasserstoff zu entwickeln unter Bildung löslicher Zinkate wie ZnO_2HNa. Weiter bestimmt die Löslichkeit des Zinkhydroxyds als Korrosionsprodukt in Alkalien unter Zinkatbildung den schnell mit wachsender pH-Zahl zunehmenden Angriff, da die natürlichen oder im Laufe des Vorgangs gebildeten Zinkhydroxyd-Schutzschichten zerstört werden. Bei der

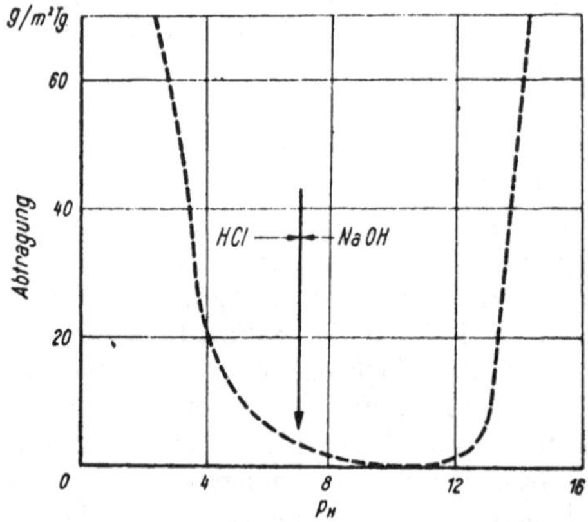

Abb. 34. Angriff von Salzsäure und Natronlauge in Abhängigkeit von der pH-Zahl bei einer Versuchsdauer von 5-30 Tagen (K. S. 229)

Auflösung in Säuren spielen nach Abb. 35 metallische Beimengungen eine entscheidende Rolle.

In destilliertem Wasser löst sich Zink mit einer Abtragung von 2—2,2 g/m² · Tag, die bei längeren Zeiten auf etwa die Hälfte abnimmt. Die geringe Löslichkeit des Zinkhydroxyds erlaubt die Bildung von Schutzschichten durch die Mitwirkung der hinzudiffundierenden Kohlensäure im Gegensatz zu der Korrosion des Bleis in destilliertem Wasser, bei dem die Carbonatbildung in der Lösung und nicht an der Metalloberfläche vor sich gehen kann.

Die in vielen Fällen verhältnismäßig gute Beständigkeit des Zinks in natürlichen Wässern ist auf die Bestandteile im Wasser zurückzuführen, unter denen die Kohlensäure und die Kalk- und Magnesiumgehalte einen günstigen Einfluß ausüben im Sinne einer Schutzschichtbildung durch basische Carbonate oder von Gemischen aus Calcium- und Magnesiumcarbonaten (K. S. 247). Ein Zeichen für deren Auftreten ist die mit der Zeit abnehmende Auflösungsgeschwindigkeit, die bei Flußwasser ausgeprägter ist als bei destilliertem Wasser (Abb. 36).

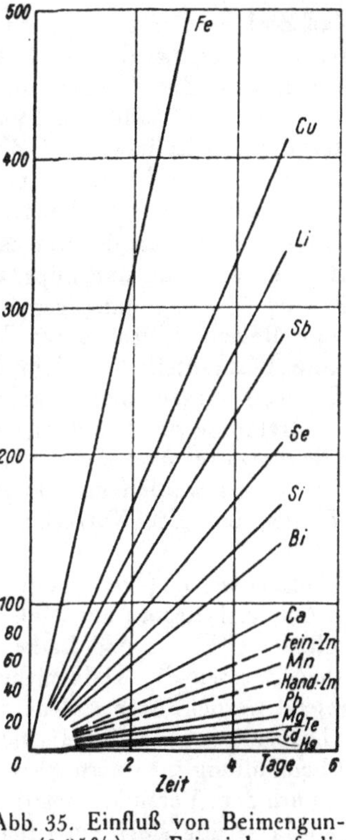

Abb. 35. Einfluß von Beimengungen (0,05 %) zu Feinzink auf die Korrosion in 1%iger Milchsäure bei täglicher Erneuerung (K. S. 245)

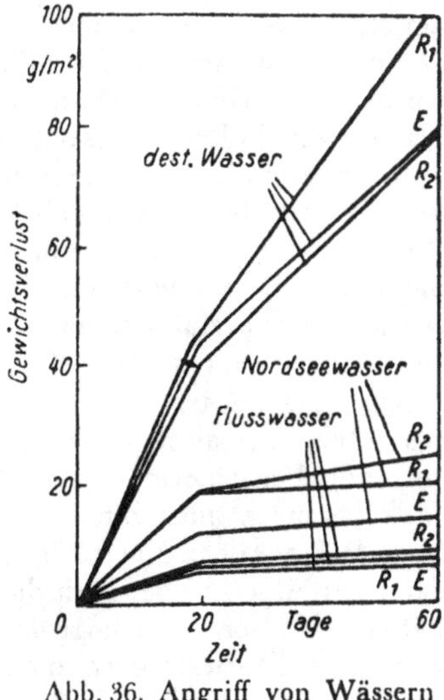

Abb. 36. Angriff von Wässern auf Zink bei Wechseltauchbeanspruchung (K. S. 246)

Durch Regenwasser können schnelle Zerstörungen beobachtet werden, wenn dieses organische Stoffe von mit Bitumenanstrich versehenen Dächern aufgenommen hat. Die Zerstörungen werden an den Auftropfstellen in Regenrinnen angetroffen und durch die durch Sonnenbestrahlung aus den Bitumen gebildeten organischen Säuren hervorgerufen. Der stärkere Angriff wird demgemäß auf südlich orientierten Dachflächen häufiger beobachtet (K. S. 248).

Zink als Baustoff. Die Tatsache, daß Zink bei Berührung mit noch nicht ausgetrockneten Baustoffen stark korrodiert, wird in der Praxis nicht immer beachtet. So ist ein Angriff von Zinkdächern an der Innenseite durch feuchten Beton möglich. Es wird daher empfohlen, das Zink von hygroskopischen Materialien zu isolieren. Bei Zinkblechen, die mit Gips umgossen wurden, war die Korrosion unbedeutend, wenn man den Gips in der normalen Weise trocknen ließ. Wurde aber der Gips ständig feucht gehalten, so war die Korrosion am stärksten an der Berührungsfläche zwischen Luft und Gips, wobei eine Korrosionsgeschwindigkeit von 0,77 mm/Jahr gemessen wurde. Vorstoßbleche, Dachrinnen und Regenabfallrohre aus Zink können durch Regenwasser, das saure Bestandteile aus dem den Witterungseinflüssen ausgesetzten Bitumen aufgenommen hat, angegriffen werden. Dieser Fall kann eintreten, wenn Pappdächer mit Bitumen bestrichen werden und das Regenwasser über die Bitumenfläche auf die Bauteile aus Zink abfließt. Es werden deshalb Anstriche mit Spezialdachlacken empfohlen, um eine Korrosion des Zinks zu vermeiden (K. S. 253).

Anstriche werden vor allem zur Nachbehandlung von verzinkten Bauteilen, aber auch für Dachrinnen und Abfallrohre aus Zink angewandt. Um eine gute Haftfähigkeit der Ölfarben und Lacke auf Zinküberzügen oder Zink zu erreichen, müssen die Teile mehrere Monate der Außenatmosphäre ausgesetzt werden. Eine Aufrauhung der Oberfläche ist aber auch durch Phosphatieren möglich. In vielen Fällen wird von dieser Art der Vorbehandlung Gebrauch gemacht, so z. B. bei Fensterrahmen, die sofort nach dem Verzinken gestrichen werden sollen (K. S. 253). Für die Ausbesserung stark verwitterter Zinküberzüge wird beispielsweise ein Anstrich aus einer Mischung von 80 % Zinkstaub und 20 % Zinkoxyd empfohlen. Diese Farbe kann auch für Zinkblechanstrich verwendet werden (K. S. 254).

Teile aus Zink und verzinktem Stahl können nach denselben Verfahren, wie sie für Eisen und Stahl üblich sind, phosphatiert werden. Die Phosphatschichten bieten einen guten Haftgrund für Farben und Lacke (K. S. 254).

Die nach dem bekannten Chromatverfahren erhaltenen Überzüge geben in manchen Fällen einen guten Schutz für Zink und Zinküberzüge. So wurde die Korrosion von chromatisierten Zinkblechproben, die 200 Tage mit feuchtem Gips in Verbindung standen, vollständig unterbunden (K. S. 254).

E. Die übrigen Metalle

1. Blei

Aus dem amphoteren Charakter des Bleis ergibt sich sowohl in sauren als auch in alkalischen Lösungen eine Auflösung, die in alkalischen Mitteln zu löslichen Plumbiten, z. B. Natriumplumbit führt. Über die verschiedenen pH-Bereiche ergibt sich für die Auflösung eine ähnliche Kurve wie für Zink mit einem Minimum zwischen pH 7 und pH 9 und verstärktem Angriff bei den niederen und höheren pH-Werten (Abb. 37).

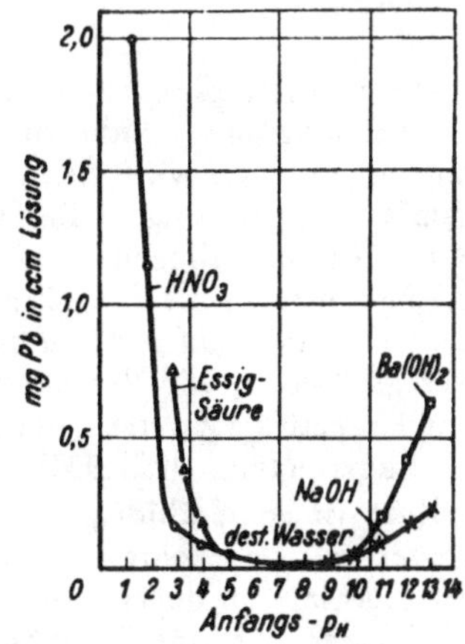

Abb. 37. Die Abhängigkeit der Blei-Korrosion vom pH-Wert der Lösungen (K. S. 307)

In der chemischen Technik hat das Blei wegen seiner Beständigkeit gegen Schwefelsäure als Material für das Bleikammerverfahren zur Gewinnung von Schwefelsäure eine große praktische Bedeutung. Das günstige Verhalten des Bleis gegen Schwefelsäure beruht auf der Bildung von unlöslichem Bleisulfat. Damit sich hierbei eine schützende Schicht bildet, muß der Niederschlag unmittelbar an der Oberfläche entstehen. Entsteht er in einer gewissen Entfernung von der Oberfläche, so löst sich das Blei immer weiter auf und das unlösliche $PbSO_4$ sinkt zu Boden, ohne daß sich eine Schutzschicht bildet. Diese Betrachtungen gelten ganz allgemein für die Bildung unlöslicher schützender Deckschichten. Während Blei in konzentrierter Schwefelsäure immer weiter angegriffen wird, hört die Auflösung bei geringerer Konzentration bald auf.

Für die praktische Anwendung kann man im großen und ganzen annehmen, daß in Schwefelsäure bis 78 % Blei sich beständig verhält und in konzentrierterer Säure durch Eisen ersetzt werden kann. Bei der Schwefelsäurefabrikation muß die Bleikorrosion durch Chlor beachtet werden, und zwar verhält sich Nitrosylchlorid gefährlicher als Salzsäuregas. Schutzmaßnahmen bestehen in einer Entfernung des Chlors aus dem Wasser sowie in einer Vorbehandlung des Bleis in Schwefelsäure, wobei sich die schützende Bleisulfatschicht bildet.

2. Zinn

Die gute Korrosionsbeständigkeit des Zinns erlaubt eine vielseitige Verwendung unter nicht zu stark korrosionsbeanspruchenden Bedingungen. Zinn wird vielfach in Form von Überzügen auf Eisen, Kupfer und Messing in Berührung mit Trinkwasser, Speisen, Gemüse, Obst und allgemein für Haushaltsgegenstände angewandt. Die geringe mechanische Festigkeit beschränkt die Anwendung des kompakten Metalls auf nicht zu hoch getriebene Temperaturen und auf wenige Zwecke, wie Verpackungsfolien, Tuben für pharmazeutische und kosmetische Zwecke und in Form von Legierungen für Lote oder als Lagermetalle (K. S. 365).

Zinn ist empfindlich gegen alkalische Lösungen, die Eisen nicht angreifen. Umgekehrt ist das Zinn beständig gegen Salzlösungen, wie Kochsalz, in denen Eisen stark korrodiert. Aus diesem Grunde wird Eisen verzinnt (Weißblech). Die Verzinnung kann nach verschiedenen Methoden erfolgen (galvanische Verzinnung, Feuerverzinnung, Spritzverzinnung, Streuverzinnung (K. S. 369). Bemerkenswert ist die Beständigkeit von Zinn gegen jedes marmorauflösende Wasser. Sogar bis zu Temperaturen von 150° wurde in destilliertem Wasser kein Angriff gefunden. Zinn wird in der verschiedensten Weise zu Legierungen benutzt (Weißmetalle). Meist wird allerdings die Korrosion des Zinns durch Hinzulegieren von anderen Metallen schlechter. Lötzinn ist eine Legierung von Blei und Zinn, wobei je nach der Art des Lötens (grobe Klempnerarbeit, Messinglötung, feine Lötungen in der Elektroindustrie usw.) der Zinngehalt zwischen 25 und 90 % schwankt.

3. Nickel

Nickel ist durch seine chemische Widerstandsfähigkeit ausgezeichnet (K. S. 354). Die Korrosion von Nickel wird sehr günstig beeinflußt durch die Bildung einer gut deckfähigen und schützenden Oxyd- bzw. Hydroxydschicht. In dieser Beziehung erweist sich Nickel dem wesentlich edleren Kupfer als überlegen und findet im Haushalt ausgedehnte Verwendung.

Wegen seiner Härte, seiner Korrosionsbeständigkeit, sowie wegen seines Glanzes und seiner Polierfähigkeit wird Nickel als Überzug sehr stark verwendet, so daß die Vernicklung eine große praktische Bedeutung hat. Außer der galvanischen Vernicklung kann man das Nickel aufspritzen oder eine Nickelschicht auf die zu bedeckende Oberfläche aufwalzen. Wegen der verhältnismäßig edlen Natur des Nickels geben poröse Stellen von Vernicklungsschichten, die auf unedleren Metallen wie Eisen sich befinden, zu einer starken Korrosionsbeschleunigung des Grundmetalls Veranlassung. Durch Legieren mit Kupfer, Chrom bzw. Chrom und Molybdän und weiteren Zusätzen wie Eisen usw. werden für Sonderzwecke der oxydierend-thermischen und korrodierenden Beanspruchung durch Säuren äußerst beständige Werkstoffe erhalten. Die korrosionsverbessernde Wirkung des Nickels wird ferner bei dem Zulegieren zu Gußeisen oder beim Aufbau der Chrom-Nickel-Stähle ausgewertet.

Die Anwendung des Nickels und der Nickel-Legierungen ist in Deutschland gegenüber dem Ausland benachteiligt wegen seines Preises und nicht zuletzt wegen der zeitweise auferlegten Einschränkungsbestimmungen. Der Schwerpunkt der neuen Legierungsentwicklungen und -untersuchungen liegt im Ausland.

Die Hauptgruppen der Legierungen (K. S. 331) lassen sich kennzeichnen als:

Kupfer-Nickel-Legierungen mit Monel als typischem Vertreter,
Chrom-Nickel-Legierungen mit etwa 80 % Nickel, Inconel und Nimonic als Vertreter,

Molybdän-Nickel-Legierungen mit Eisen und evtl. Chromzusätzen und Hastelloy als typischem Vertreter bzw.
Silicium-Nickel-Legierungen mit Hastelloy D als Vertreter.

Die Kupfer-Nickel-Legierungen zeichnen sich durch einen verbesserten Korrosionswiderstand aus. Die Chrom-Nickel-Legierungen sind besonders für Heizleiter oder Zunderbeanspruchung geeignet. Sie sind weniger für Korrosionszwecke gedacht, aber für diese Zwecke durch Eisenzusätze als beständige Legierungen weiter entwickelt worden. Die bei diesen Legierungen eintretende Passivierung macht sie für viel Zwecke geeignet. Besonders korrosionsfest gegenüber Säuren sind die Molybdän-Nickel-Legierungen. Für besondere Zwecke sind Silicium-Nickel-, Mangan- und Beryllium-Nickel-Legierungen entwickelt worden (K. S. 331).

4. Titan (K. S. 376)

Titan ist das vierthäufigste Metall der Erdrinde mit 0,63 % nach Aluminium, Eisen und Magnesium. Der Herstellung in reiner und kompakter Form standen bislang größere Schwierigkeiten im Wege, obgleich die industrielle Herstellung von Ferrotitan für Zwecke der Stahlveredelung schon längere Zeit eine bedeutende Rolle spielt. Ausgangsmaterial ist der Ilmenit ($FeTiO_3$) mit 30—60 % TiO_2 und 30 % Eisen im Mittel. Titan ist heute keineswegs ein seltenes Metall mehr. Haupterzeugerland ist USA, das die unumschränkte Führung auf dem Titangebiete besitzt; in Japan ist eine Titanerzeugung im Entstehen. Bei der Bedeutung, die das Titan für die Verteidigungsindustrie besitzt, ist es begreiflich, daß die bekannt werdenden Produktionsziffern nicht immer übereinstimmen. So sollen in den USA etwa erzeugt worden sein nach Angaben in Tonnen:

1948	10	1953	7 000	
1950	60	1954	15 000	(erwartet)
1951	50 (700)	1955	22 000	(vorgesehen)
1952	1000 (5000)	in 10 Jahren	100 000	(erwartet)

In Japan ist im Jahre 1954/55 ein Ausbau auf 1330 t vorgesehen. Wenn der Preis 1949 noch 10 Dollar pro kg Rohtitan betrug, so erwartet man, daß jetzt bei einer Tagesproduktion von etwa 50 t der Preis für 1 kg auf 1 Dollar gesenkt werden kann.

5. Sonstige Metalle

Die übrigen Metalle brauchen vom Standpunkt der Korrosion hier nicht erörtert zu werden. Entweder sind sie so unedel, daß sie, wie die Alkalien und Erdalkalien, in Gegenwart von Feuchtigkeit und Sauerstoff außerordentlich stark, oft unter Explosionserscheinungen, korrodieren, so daß ihre Verwendung von vornherein ausscheidet, oder es handelt sich um Metalle, die wegen ihrer edlen Natur praktisch korrosionsfest sind und deswegen hier nicht besprochen zu werden brauchen (Edelmetalle, Gold, Platin usw.). Schließlich fehlen noch Metalle, bei denen entweder wegen ihres seltenen Vorkommens (seltene Erden) oder ihrer verhältnismäßig unbedeutenden technischen Verwendung eine Behandlung des Korrosionsverhaltens in einem kurzgefaßten Buch nicht nötig erscheint.

F. Weitere Maßnahmen zur Verhütung der Korrosion

1. Korrosion und Korrosionsschutz im Boden

Bei der Bodenkorrosion sind die Umwelteinflüsse besonders vielseitig. Neben den bei der Korrosion auch sonst vorhandenen Einflüssen, wie Sauerstoffgehalt, pH-Wert und Salzgehalt der angreifenden Lösung, kommen hier noch die Eigenarten des Bodens hinzu. Bei der Bodenkorrosion ist der Einfluß der Umwelt so stark, daß die Eigenarten des Metalls, insbesondere beim Eisen, an Bedeutung zurücktreten.

Die Schwierigkeiten bei der Anstellung und Auswertung von Bodenkorrosionsversuchen haben zur Festlegung eines Normblattes über Richtlinien für die Durchführung von Bodenkorrosionsversuchen Anlaß gegeben (DIN 50 909).

Neben dem Eisen wird auch Blei vielfach im Boden verlegt, z. B. für Telefonkabel. Tonige und torfige Böden können Blei angreifen. Es ist ferner zu bedenken, daß Blei gegen alkalische Einflüsse (Mörtel und Portlandzement) besonders empfindlich ist. Schließlich können an Bleirohren durch unterschiedliche elektrochemische Eigenschaften der Umgebung, wie verschiedener Salzgehalt, galvanische Elemente entstehen, welche nach folgendem Schema zusammengesetzt sind: Blei/salziger Boden/gewöhnlicher Boden/Blei.

Bei stark angreifenden Böden umgibt man das gefährdete Metall mit einer isolierenden Masse, z. B. mit porösen Ziegeln oder ähnlichen Stoffen. Ein wirksamer Schutz wird auch durch Kalk erreicht. Ein gutes und billiges Verfahren zur Verhütung der Graphitisierung gußeiserner Rohre besteht darin, daß man das Rohr mit einer 10 cm dicken Schicht einer Mischung von 6 bis 7 kg Kalk auf einen m^3 Ton umkleidet, wobei genügend Wasser zugesetzt werden muß, um Plastizität zu erzielen. Rohre mit Zink- und Bleiüberzügen korrodieren viel langsamer als solche ohne Überzug, wobei im ganzen der Verzinkung der Vorzug gebührt. Allerdings sind verzinkte Rohre nicht für stark saure Böden geeignet, da der Angriff von verzinkten Proben im Boden von pH 4 etwa 50mal so stark war als bei pH 7,5. Auch bituminöse Überzüge erweisen sich als vorteilhaft für den Rohrschutz im Boden. Man kann sie jedoch nicht in Form von Anstrichen auftragen, sondern muß sie durch feste Beimengungen (filziges oder gewebtes Material) verstärken, um eine Widerstandsfähigkeit gegen den Druck der Erdschollen zu erzielen.

2. Korrosion stromdurchflossener Teile

An stromdurchflossenen Teilen kann immer dann eine Korrosion eintreten, wenn der Strom Gelegenheit hat, an Stellen mit großem Übergangswiderstand im metallischen Leiter, in ein anderes, besser leitendes Medium überzutreten. Korrosionsschäden dieser Art werden durch die Beseitigung von Isolationsfehlern beseitigt. Die Korrosion ist besonders groß bei Gleichstromleitungen, während die Wechselstromkorrosion noch sehr umstritten ist.

Gefährlich sind die bei allen im Boden verlegten Leitungsträgern auftretenden sogenannten „vagabundierenden Ströme", wie sie zum Beispiel von Straßenbahnschienen ausgehen und an in der Nähe verlegten Rohrleitungen erhebliche Korrosionen hervorrufen können. Maßgebend für diese Korrosionen ist die sogenannte Erdstromdichte, d. h. die Dichte des aus der Berührungsfläche des Leiters mit dem Erdboden in die umgebende Erde austretenden Stromes. Als Einheit gilt 1 mA/cm^2.

Das entspricht nach dem Faradayschen Gesetz einer Korrosion von 0,12 mm/Jahr bei Eisen und 0,3 mm/Jahr bei Blei. Die Richtlinien für verschiedene Meßmethoden auf diesem Gebiet sind im DIN-Blatt 50 909/10 festgelegt.

Im allgemeinen verhindert man heute Korrosionen an im Erdboden oder unter Wasser angebrachten Metallteilen (z. B. Rohrleitungen) durch Anwendung des kathodischen Schutzes[19]). Man geht dabei in der Weise vor, daß man in bestimmten Abständen an dem zu schützenden Gut z. B. Magnesiumstäbe in elektrisch leitender Verbindung befestigt, die im Laufe der Zeit durch Korrosion aufgelöst werden, da sie durch ihren elektrochemisch unedlen Charakter die Anode eines Elementes bilden, während die Korrosion des zu schützenden Metalles, das die Kathode des Elementes bildet, verhindert wird. In anderer Weise verlegt man in der Nähe der zu schützenden Metallteile Graphitstäbe, die man mit dem positiven Pol einer Gleichstromquelle verbindet, während das zu schützende Metall an dem negativen Pol angeschlossen wird. Die „Schutzstromdichte beträgt nach Rausch[20]) für Eisen im Erdboden 10—20 mA/m², bei Bodenwiderständen von 2000—5000 $\Omega \cdot$ cm. Sie ist von verschiedenen Faktoren abhängig. Hier seien genannt: Die Art des zu schützenden Metalles, der Bedeckungsgrad der Oberfläche (Anstriche usw.), die Temperatur, der pH-Wert und der Salzgehalt des betreffenden Bodens bzw. Elektrolyten[21]).

3. Korrosionsschutz durch konstruktive und bauliche Maßnahmen

Zunächst ist die Auswahl des geeigneten Werkstoffs eine der wesentlichen Maßnahmen, um einer unnötigen Metallzerstörung zu begegnen. Das gilt nicht nur für Rohrleitungen, sondern für sämtliche Konstruktionen und Bauteile, die in irgendeiner Weise durch Korrosion gefährdet sind. Die neuste Entwicklung auf dem Gebiet neuer Werkstoffe eröffnet hier vor allem durch die Bereitstellung neuartiger Kunststoffe große Möglichkeiten.

Abgesehen von der Verwendung des zweckmäßigsten Materials ist sodann die Bauweise und Gestaltung vom Standpunkt des Korrosionsschutzes wichtig. Es müssen Stellen vermieden werden, in denen sich korrodierende Flüssigkeiten ansammeln können. Dächer, Brücken und alle der Atmosphäre ausgesetzten Metallteile sollen möglichst wenig Ecken und Winkel und tote Räume besitzen, um überall für den Wasserablauf möglichst günstige Bedingungen zu

[19]) J. Iliovici, Werkstoffe und Korrosion, *4*, 181 (1955).
[20]) W. Rausch, Werkstoffe und Korrosion, *4*, 189 (1955).
[21]) H. M. Pavell, Corrosion (Prevention a Control), *1*, 355 (1954).

schaffen. Daher ist die moderne Bauweise, welche einfache Linienführung und glatte Flächen bevorzugt, auch im Hinblick auf den Korrosionsschutz günstig.

Auch kleinere Fugen, Spalten und Undichtigkeiten bieten den korrodierenden Flüssigkeiten leicht Zutritt und müssen daher vermieden werden. Besonders bei Nietverbindungen ist darauf zu achten, daß bei Kondensation, Taubildung oder Regen die Metalloberfläche keine Stellen enthält, an denen das Wasser zurückgehalten wird. Wenn Schutzüberzüge verwandt werden, muß genügend Platz vorhanden sein, um den Überzug bequem aufbringen zu können. Bei Bauteilen, die gleichzeitig einer Korrosion und einer mechanischen Beanspruchung ausgesetzt sind, muß man die Metallteile stark genug machen bzw. durch einen Anstrich oder eine sonstige Oberflächenbehandlung schützen.

Schon diese kurze Zusammenstellung einiger konstruktiver und baulicher Korrosionsschutzmaßnahmen läßt die Bedeutung und Vielseitigkeit der hier vorhandenen Aufgaben erkennen.

4. Anstriche und Anstrichprüfung

a) Anstriche

Der Korrosionsschutz durch Anstriche ist ein Sondergebiet von solchem Umfang, von solcher wirtschaftlichen Bedeutung und von solcher Kompliziertheit, daß hier nur kurze Bemerkungen gemacht werden können, die keinesfalls das ganze Gebiet umreißen, sondern mehr als Beispiele vorwiegend aus der neueren Entwicklung aufzufassen sind. Das Aufbringen von Anstrichen auf Metallen ist jedenfalls die bekannteste und auch wichtigste Korrosionsschutzmaßnahme.

Eine wesentliche Vorbedingung ist zunächst eine Reinigung der anzustreichenden Oberfläche. Nicht nur Fett und Schmutz müssen entfernt werden, sondern auch Rostschichten, da sonst der Anstrich schlecht haftet. Daher muß auch die Walzhaut des Eisens vorher entfernt werden, was man früher durch langes Lagern im Freien erreichte. Vielfach wird die Reinigung der Oberflächen durch Drahtbürsten mit der Hand vorgenommen. Wirksamer ist die Bearbeitung des Metalls durch Sandstrahlen. Hierher gehört auch Beizen von Metallen mit Säure.

Ein Anstrich besteht aus einem Pigment und einem Bindemittel (Öl). Die Pigmente oder Farbkörper sind meist Metallverbindungen (Blei-, Chrom-, Zinkfarben)[22]. Zum Schwärzen ist feinverteilter Kohlenstoff in Form von Ruß oder Graphit geeignet. In metallischem Zustand benutzt man Aluminium und Zink. Als ein für Eisenanstriche besonders wichtiges Pigment sei Bleimennige herausgegriffen. Mennige hat die Eigenschaft, das Eisen zu passivieren, sie wirkt also rein chemisch schützend auf die Eisenoberfläche. Es gibt eine ganze Reihe von Anstrichen, welche ebenso wie Mennige einen besonderen chemischen Schutz auf das Grundmetall ausüben.

Manche Pigmente usw. gelten direkt als „rostverhütend". Die korrosionsschützenden Effekte lassen sich teils auf die basische Natur (Zinkoxyd, teilweise auch bei Zinkstaub sowie Bleimennige), kathodische Schutzwirkungen (Zinkstaub, Aluminiumbronze) bzw. passivierende Einflüsse (Bleimennige, die verschiedenen Chromate) zurückführen (K. S. 637).

Die Pigmente werden in das Bindemittel eingerührt, welches aus einem an der Luft trocknenden Öl besteht (Leinöl, Holzöl, Sojabohnenöl). Heute werden vielfach Bindemittel aus ölarmem Kunstharz verwandt. Man nennt die so hergestellten Anstriche Kunstharzlacke oder synthetische Lacke. Diese neuen Produkte besitzen eine größere Wetterfestigkeit als die Ölfarben. Dazu kommt noch die raschere Trocknung der Kunstharzlacke. Während eine Kunstharzgrundierung schon nach 4 Stunden überstrichen werden kann, muß Mennige 2 Tage trocknen.

Ein Unterwasseranstrich ist außer durch mechanische Beanspruchung (Eis, Sand und Wellenschlag) durch industrielle Verunreinigungen, Öl vom Schiffsverkehr und Bewuchs durch Organismen gefährdet. Eine praktisch gute Haltbarkeit gegen die angreifenden Eigenschaften verschiedener Wässer besitzen bitumenhaltige Anstriche, wobei vielfach eine bestimmte Mennigegrundierung zuerst vorgenommen wird.

Ausgangsstoffe für Anstriche sind (K. S. 642):

Nitrozellulosen:
Verfügbar in den verschiedensten Viskositätsabstufungen; für Korrosionsschutzlacke sind die mittelviskosen Typen zu bevorzugen;

[22]) H. F. Sarx, Werkstoffe und Korrosion, 7, 331 (1955).

Chlorkautschuk:
Lieferbar in den Abstufungen niedrig-, mittel- und hochviskos;
Polyvinylacetate:
Vorzugsweise finden Polyvinylacetate Verwendung, welche in ähnlicher Viskositätsabstufung wie Nitrozellulosen erzeugt werden. Auch Mischpolymerisate (z. B. mit Acrylester) sind verfügbar;
Polyvinylchlorid:
Für lacktechnische Zwecke benutzt man besonders nachchlorierte Produkte;
Polyvinylacetale:
Besonders wichtig sind die Acetobutyralprodukte, die weitgehende Kälteunempfindlichkeit aufweisen;
Polyacryl- und -metacrylester:
In den Abstufungen weich, mittel und hart verfügbar;
Polystyrolprodukte:
In verschiedenen Modifikationen, besonders auch als Mischpolymerisate verfügbar (K. S. 642);
Als Lackgrundlagen kommen vornehmlich folgende in Betracht: Einfach-Resolharze, plastifizierte Phenol-Formaldehydharze, säurehärtende (kalthärtende Resole), Alkylphenolharze (sog. 100%ige Phenolharze), Harnstoff- bzw. Melamin-Formaldehydharze, Siliconharze, Äthoxylin- bzw. Epoxyharze.

b) Anstrichprüfung

Die Prüfung der Güte und Haltbarkeit von Anstrichen umfaßt eine Reihe von Untersuchungen, die untereinander sehr verschieden sind. Zunächst sind es mehr physikalische Eigenschaften, wie Streichbarkeit, Trockenfähigkeit und Deckfähigkeit, welche den Wert eines Anstriches bedingen. Dazu kommt dann die Widerstandsfähigkeit gegen rein mechanische Beanspruchungen, wie Ritzhärte, Abreibbarkeit, Scheuerfestigkeit und Haftfestigkeit. Alle diese Eigenschaften werden durch eine Reihe besonderer Prüfverfahren untersucht. Um auf diesem Gebiet einheitliche Methoden zu schaffen, hat man Einheitsverfahren für die einfache Prüfung von Lacken und Farben festgelegt. Einige dieser Prüfungen, wie diejenige auf Wasserbeständigkeit sowie auf Sodabeständigkeit, sind praktisch mit einer Korrosionsprüfung gleichbedeutend, so daß sie im folgenden kurz besprochen werden sollen.

Bei der Messung der Wasserbeständigkeit wird ein mit Schmirgelpapier entrostetes glattes Eisenblech mit dem Anstrich versehen. 48 Stunden nach dem letzten Auftragen stellt man das Blech so in ein mit Wasser gefülltes Gefäß, daß die Hälfte des Anstrichs mit Wasser bedeckt ist. Will man die Sodabeständigkeit messen, so läßt man eine auf 50° erwärmte Sodalösung (50 g kalzinierte Soda im Liter) eine Stunde einwirken und spritzt dann 1 Minute lang mit einem kräftigen Wasserstrahl ab. Nach dieser Behandlung darf der Anstrich nicht abblättern und soll sich auch in bezug auf Glanz und Farbe von der nicht in die Sodalösung eingetauchten Hälfte nicht unterscheiden[23]).

Für die Witterungsprüfungen sowie die Kurzprüfungen gelten ähnliche Voraussetzungen und Richtlinien wie für eine entsprechende Korrosionsprüfung. Der enge Zusammenhang zwischen Anstrich- und Rostprüfung geht daraus hervor, daß für diesen Zweck (Schätzung des Rostungsgrades) die von Schulz und Droste entworfenen Normenrostbilder empfohlen werden, welche im Normenblatt DIN 53210 festgelegt sind.

Zur Kurzprüfung werden Wechselbeanspruchungen der verschiedensten Art angewandt. Man läßt hierbei Wasser und sonstige angreifende Lösungen, Wasserdampf und korrodierende Atmosphären (wie z. B. Kohlendioxyd oder schweflige Säure) bei verschiedenen Temperaturen einwirken. Hierbei werden die Proben dann nacheinander in wechselnder Zeitfolge und in der verschiedensten Reihenfolge den einzelnen Beanspruchungen ausgesetzt.

Für bituminöse Anstriche gibt es ebenfalls eine Reihe besonderer Prüfverfahren, die z. T. den mechanischen Korrosionsmessungen ähnlich sind (Dehnbarkeit, Eindringtiefe, Tropfbarkeit, Erweichungspunkt, ferner chemische Prüfungen, wie die Diazoreaktion, das Sulfonierungsverfahren und der Lucksche Antrachinonversuch).

5. Rohrleitungen

Zum Transport und zur Verteilung von gasförmigen und flüssigen Massengütern, wie Gas, Wasser und Öl, finden Rohrleitungen steigende Bedeutung. Besonderes Interesse finden die Fernleitungen, die die benötigten Güter aus den vielfach abseitig gelegenen Gewinnungsgebieten dem Verbraucher zuführen. Es sei an die Ferngasleitungen erinnert, die das Koksgas der Ruhr weit ins Land

[23]) H. P. Kaufmann, E. Gulinski, Fette — Seifen einschließlich Anstrichmittel *57*, 1007 (1955).

bringen, an die riesigen Erdgasleitungen in den USA und Italien, an die Ölleitungen im vorderen Orient und an die Fernwasserleitungen im In- und Ausland.

Bei diesen Leitungen muß mehr noch als bei den Verteilungsleitungen, die im übrigen gleich wichtig und der Menge nach umfangreicher sind, auf unbedingte Betriebssicherheit Wert gelegt werden, insbesondere dann, wenn wichtige Versorgungsgebiete davon abhängen.

Die unbedingte Betriebssicherheit setzt voraus:

1. Ausreichende mechanische Festigkeit der Rohre und der Rohrverbindungen gegen innere und äußere Belastungen.
2. Ausreichende korrosionschemische Widerstandsfähigkeit des Rohrwerkstoffes oder ausreichende Maßnahmen zum Schutz des Rohrwerkstoffs gegen Korrosion.

Es gibt keinen preiswerten Rohrwerkstoff, der beide Voraussetzungen voll erfüllt. Während jedoch die Festigkeitswerte der Werkstoffe innerhalb gegebener Grenzen festliegen, können die Maßnahmen zum Korrosionsschutz, sofern überhaupt erforderlich, mannigfachster Art sein. Daraus erklärt sich zwangsläufig, daß in erster Linie die geforderten Festigkeitseigenschaften ausschlaggebend für die Wahl des Werkstoffes sind.

Von den zur Verfügung stehenden Rohrwerkstoffen kommen für die großen Mengen an Transport- und Verteilungsleitungen in erster Linie die durch ihre Festigkeit und Preiswürdigkeit gekennzeichneten Eisenwerkstoffe Stahl und Gußeisen in Betracht (K. S. 715).

Für die Korrosionsverhütung in Wasserleitungen ergibt sich aus der Kenntnis der Vorgänge bei der Deckschichtenbildung, daß es möglich ist, durch geeignete Behandlung aus den meisten aggressiven Wässern ein Gleichgewichtswasser zu erhalten, das infolge von Deckschichtenbildung Eisen nicht ernsthaft angreift (K. S. 717).

Rohre mit zementreicher Betonauskleidung werden in den USA und England in den Handel gebracht. Die Rohre eignen sich für Kalt- und Warmwasser. Große Wasserleitungsrohre werden bei Reparaturarbeiten auch bei uns hiermit ausgekleidet. Jedoch hat sich das Verfahren bei kleineren Rohren wegen der Sprödigkeit der Betonschicht, die besonders steife dickwandige Rohre erfordert, nicht durchsetzen können, zumal der Rohrquerschnitt durch die Auskleidungsstärke von 4—12 mm beträchtlich verringert wird.

Bei uns werden vorzugsweise bituminöse Stoffe verwendet. Darunter versteht man sowohl die eigentlichen Bitumensorten aus der Erdölproduktion als auch die Teerpeche und Teere aus der Teerdestillation. Beide Stoffklassen haben eine im Verhältnis zu anderen Bindemitteln hohe Quellfestigkeit gegen Wasser. Beide Stoffklassen können mit bestem Erfolg verwendet werden, wenn hinsichtlich der Auswahl besondere Sorgfalt angewandt wird. Im allgemeinen ist die Quellfestigkeit der Teerpechstoffe größer als die der Bitumensorten. Jedoch ist diese in beiden Fällen relativ gering, so daß bei ausreichenden Schichtstärken immer eine langdauernde Schutzwirkung erzielt werden kann.

Die Entwicklung, insbesondere in Deutschland, hat Teerpechstoffe hervorgebracht, die physikalisch den Bitumensorten recht nahe kommen. Leider verbietet bei den Teerpechstoffen die Geruchs- und Geschmacksbeeinflussung des durchfließenden Wassers deren Verwendung zum Innenschutz von Wasserleitungsrohren, wenn nicht, wie es bei der Teerung der Gußrohre der Fall ist, die Schicht durch Polymerisation und Oxydation in der Wärme verändert wird.

Dünne Überzüge in einer Stärke unter 100 μ sind fast nie porenfrei. Bei aggressiven Beanspruchungen wirkt sich diese Porosität aus. Schichtdicken von 1,5—2 mm lassen sich betriebsmäßig mit Hilfe des Schleuder- oder Wälzverfahrens aufbringen, wodurch eine hervorragende Gleichmäßigkeit, verbunden mit einer spiegelglatten Oberfläche, erreicht wird.

Sachregister

Ätzbilder 42
Aluminium 88
— -bronzen 100
— Eloxierung 93
— EW-Verfahren 94
— Fremdmetallauflagen 94
— Korrosionsgeschwindigkeit 16, 90
— -Legierungen 91
— Lokalelementbildung 91
— MBV-Verfahren 93
— Oxydhaut 89
— Verwendbarkeit 95
Anfangskorrosion 18
Anstriche 68, 114
Anstrichprüfung 114
— elektrische 55

Belüftungskorrosion 31
Biologische Korrosionsursache 76
Blei 107
Bodenkorrosion 111
Brinellhärte 51
Bruchdehnung 49

Cementit 67
Chemische Korrosionsmessung 42
Chemische und mechanische Materialbeanspruchung 52
Chromate als Korrosionsschutz 70

Dampfkessel, Korrosionsverhütung im 79
Deckschichtenbildung 7, 66
Deckschichten, chemische 65
Dehnungsmessung 48
Dreiphasengrenze 25
Druckfestigkeit 50
Durchflußversuche 29

Eisen 67
— Angriff durch Säuren 73
— biologische Angriffe 76
— Deckschichten 68
— Kohlenstoffgehalt 67
— Korrosion durch heiße Gase 38, 86
— Legierungsbildung 69, 86
— Legierung mit Aluminium 85
— Legierung mit Chrom 85
— Legierung mit Silicium 84
— Phosphatschichten 72
— Plattierungen 68
— Schutz durch Oxydhäute 70
— Schutzschichten 71
Elektrische Korrosionsmessung 53
Eloxalverfahren 93
Erdstromdichte 112
Erkennung der Korrosion 12

Feldversuch 21
Fernschutz 92
Ferroxylindikator 40
Festigkeitsmessung 48
Feuchtlagergerät 35
Fremdmetallüberzüge 65

Galvanische Elemente 5
Galvanische Überzüge 64
Gekupferter Stahl 69
Gewichtszunahme als Korrosionsmaß 43

Härteprüfung 51

Industrieluft, Korrosion durch 67, 68
Inhibitoren 73
Interkristalline Korrosion 9, 41, 56

Karbonate als Korrosionsschutz 71
Kathodischer Schutz 113
Kerbschlagbiegeprobe 51
Klimaeinflüsse 31, 35
Kochversuch 37
Kondensatorkorrosion 21
Konzentrationselemente 6
Kornzerfall 9
Korrosion der Metalle (Tabelle) 61
— durch Industrieluft 67
— gleichmäßige 8
— in bewegter Flüssigkeit 28
— in heißen Gasen 38
— in ruhender Flüssigkeit 24
— interkristalline 9, 41, 56
— ungleichmäßige 9
— zeitlicher Verlauf 17
Korrosionsermüdung 53
Korrosionsmessungen, chemische 42
— magnetische 56
Korrosionsprüfungen, elektrische 53
Korrosionsprüfung, mechanische 47
Korrosionsschutz durch Anstriche 114
— im Boden 111
— im Dampfkessel 79
— im Kraftwerk 83
Korrosionsverteilung, ideale 25
Korrosionswechselfestigkeit 53
Kupfer 97
Kupferkorrosion, durch Sauerstoff 99
Kurzzeitversuche 24

Laboratoriumsversuch 22, 32
Legierungsbildung 64
Leitfähigkeitsmessungen 56
Lochfraß 9, 31
Lokalelement 5, 65

Magnesium 96
Magnetpulververfahren 57
Manganbronzen 101
MBV-Verfahren 93
Messing 99
Metallegierungen, Einfluß auf die Korrosion 64
Metallische Deckschichten 65
Metallschliffe 41
Modellelemente 55

Naturversuch 21, 31
Nichtwäßrige Flüssigkeiten 76
Nickel 109
— -Kupferlegierungen 101
Nickellegierungen 109

Oberflächenkorrosion 8
Oxydhäute 4
Oxydschicht, korrosionsfördernd 6
— korrosionsverhindernd 7

Parkerverfahren 72
Passivität 7
pH-Einfluß 70, 104
Phosphatschichten 78
Plattierungen 65
Potentialmessungen 53
Pseudolokalelemente 6

Reinaluminium, Auflösungsgeschwindigkeit 16

Rockwellhärte 52
Röntgenuntersuchungen 57
Rohrleitungen 117
Rohrprüfungen 29
Rostungsgeschwindigkeit 34, 46

Säurekorrosion 13
Salzwassersprühgerät 33
Sauerstoff als Korrosionsursache 12, 68, 78
Sauerstoffmessung 55, 80
Sauerstoffkorrosion 12
Schlaufenmethode 10
Schutz durch Fremdmetalle 65
Schutzstromdichte 113
Siliciumbronzen 101
Spannungskorrosion 9
Spanungsreihe, elektrochemische 14
Stoßfestigkeit 51
Stromdichte-Potentialkurven 54
Stromstärkemessungen 54

Temperaturkoeffizient 35
Titan 110

Universalindikator 40
Unterwasseranstrich 115

Vagabundierende Ströme 112
Versuchsanordnung für bewegte Flüssigkeiten 28, 29, 30
Vickershärte 52

Warmwasserkorrosion 36, 78
Washprimer 95
Wasseraufbereitung 72
Wasserlinienkorrosion 27
Wasserstoffkorrosion 13
Wasserstoffüberspannung 14
Wechseltauchversuch 10, 32

Zeitabhängigkeit der Korrosion 17
Zink 103
— als Baustoff 106
— Korrosion von Legierungen 105
Zinn 108
Zunderbildung 39
Zunderschichten 8

ANZEIGEN

Coroplast
Bandage
für Oberflächen-
und
Korrosionsschutz
(PVC und
Polyäthylen)
FRITZ MÜLLER „COROPLAST“ KG.
KABEL- U. KUNSTSTOFFWERK · WUPPERTAL-N.

FSC
www.fsc.org
MIX
Papier | Fördert
gute Waldnutzung
FSC® C083411

Zeitfracht Medien GmbH
Ferdinand-Jühlke-Straße 7
99095 Erfurt, Deutschland
produktsicherheit@kolibri360.de